Anna Schnell · Nils Schnell

Die Modern Work Tour

Eine Weltreise in die Zukunft unserer Arbeit

W0236427

Externe Links wurden bis zum Zeitpunkt der Drucklegung des Buches geprüft. Auf etwaige Änderungen zu einem späteren Zeitpunkt hat der Verlag keinen Einfluss. Eine Haftung des Verlags ist daher ausgeschlossen.

Bibliografische Information der Deutschen Nationalbibliothek

Die Deutsche Nationalbibliothek verzeichnet diese Publikation in der Deutschen Nationalbibliografie; detaillierte bibliografische Daten sind im Internet über http://dnb.d-nb.de abrufbar.

ISBN 978-3-96739-062-9

Lektorat: Claudia Franz, Oberstaufen | info@text-it.org
Umschlaggestaltung: totalitalic Thierry Wijnberg |
www.totalitalic.com
Autorenporträts: Georg Ernst und Kathrine Uldbaek Nielsen
Fotos: Anna und Nils Schnell, Icons S. 15, 37 ff.: shutterstock
Gestaltung und Satz: Annett Hansen | www.design-hansen.de
Druck und Bindung: Salzland Druck, Staßfurt

Wir drucken in Deutschland.

www.gabal-verlag.de
www.gabal-magazin.de
www.facebook.com/Gabalbuecher
www.twitter.com/gabalbuecher
www.instagram.com/gabalbuecher

Wir sind zutiefst dankbar auf Modern Work Tour, auf unsere Moderne Walz, gegangen zu sein. Wir wissen, dass das keine Selbstverständlichkeit ist und nicht nur unserem Fleiß und Mut zugesprochen werden kann.

Wir bedanken uns ganz herzlich bei all den Menschen, die dafür gesorgt haben, dass unser Abenteuer Arbeit so spannend und erkenntnisreich geworden ist. Ohne die Menschen vor Ort, die neugierig und mutig genug waren, sich auf die Arbeit mit uns einzulassen, wäre die Modern Work Tour nicht zustande gekommen.

Für alle, die mutig die Zukunft der Arbeit mitgestalten.

Inhalt

Mongolei

Ghana

Albanien

Modern Work Tour

Los geht´s!

China

Kirgistan

Bali

Jordanien

Prolog

Wie wird eigentlich Modernes Arbeiten weltweit gelebt? Von dieser Frage angeregt, sitzen wir 2017 im wunderschönen Magvető Café in Budapest. Am Vormittag waren wir für einen Wissensaustausch bei *Prezi*, einem Unternehmen, das eine wunderbare Alternative zur Powerpoint-Präsentation entwickelt hat. Dort haben wir einen zweistündigen Workshop zum Thema „New Work" gegeben und im Tausch einen Workshop zum „Storytelling" erhalten.

Wir hatten vor einiger Zeit unseren Reiseblog travelbees.de ins Leben gerufen und wollten nun im Storytelling-Workshop unseren eigenen „Code of Conduct" für zukünftige Reisen erarbeiten. In anderen Worten wollten wir die Frage klären: „Wie möchten wir gerne reisen und welche Reisende wollen wir eigentlich sein?" Schnell wird deutlich, dass wir mit Menschen in Kontakt kommen, lokale Herangehensweisen verstehen und Inspiration bei den Leuten vor Ort suchen wollen. Reisende wollen wir sein – und keine Touristen. Am Ende des Storytelling-Workshops haben wir eine für uns stimmige Ansammlung der wichtigsten Punkte erarbeitet. Diese werden wir in den folgenden Tagen noch mal verdichten und im Laufe der Weltreise in die Zukunft unserer Arbeit als Grundlagen nehmen.

Während wir nun im Magvető Café unseren herrlich duftenden Kaffee schlürfen, reden wir über das Potenzial und die möglichen Lernerfahrungen, wenn wir solche Treffen wie heute häufiger abhalten würden. Unseren Städtetrip nach Budapest machen wir in unserer Freizeit – nicht als Geschäftsreise. Dennoch wollen wir unbedingt ein solches Arbeitstreffen verwirklichen. Warum? Weil wir unsere Arbeit lieben und der Meinung sind, dass nichts über den gemeinsamen Austausch von Wissen geht.

Für uns wird in diesem Moment klar, dass wir grundlegend hungrig auf mehr sind: mehr Austausch, mehr Lernen, mehr Wissen in und aus fremden Ländern. Der Wissensaustausch heute hat uns solche Freude bereitet, dass wir uns ernsthaft fragen, wie wir daraus ein Konzept entwickeln können.

Reisen und arbeiten: Wir träumen davon, unsere beiden Passionen miteinander zu verbinden. Noch ahnen wir nicht, dass wir ein Jahr später tatsächlich losziehen in eins der größten Abenteuer unseres Lebens! Wer hätte gedacht, dass wir schon ganz bald im mongolischen Fernsehen landen und über Arbeit weltweit sprechen? Oder dass wir uns in Australien festfahren und nicht mehr alleine herauskommen? Dass wir auf Bali unser erstes gemeinsames Buch schreiben, Bäume in Uganda pflanzen, GeschäftsführerIn-

nen weltweit vor Ort coachen? Und dass wir über 130 Treffen mit Trainings, Workshops und vielem mehr erleben werden? Wir auf jeden Fall nicht!

Inzwischen erlaubt die Uhrzeit einen gut gekühlten Weißwein im Magvetö Café, der das Prickeln der Vorfreude auf unser Abenteuer rund ums Arbeiten noch größer werden lässt. Wir stoßen an – Egészségedre! (Ungarisch für „Prost!".)

2018 wird es dann so weit sein. Mit dem ICE starten wir unsere Modern Work Tour. Zunächst geht es von Hamburg in Richtung Süden: „Hallo Balkan, wir kommen!" Unsere gesammelte Expertise haben wir in zwei kleinen und zwei großen Rucksäcken dabei. Vier Kontinente werden wir auf der Suche nach Arbeitserfahrungen rund um New Work und Modernes Arbeiten bereisen und unglaublich inspirierende Menschen kennenlernen.

Nach vielfältigen Einblicken aus 34 Ländern haben wir deutlich mehr erlebt, als wir es uns in dem Cafe in Budapest je hätten erträumen können. Mit den gesammelten Erfahrungen wollen wir dir Anregungen geben, damit du

- deine eigene Arbeit reflektieren,
- proaktiver dein (Arbeits-)Leben gestalten und
- mutig neue Initiativen und Projekte ausprobieren kannst.

Wir nehmen dich mit auf Expedition mit dem Namen „Modern Work Tour" und zeigen dir das Abenteuer Arbeit anhand der daraus entstandenen Prinzipien für „Modernes Arbeiten" auf. Bitte anschnallen, es geht los! Viel Spaß beim Lesen und gedanklichen Mitreisen,

deine Anna und dein Nils

Die Modern Work Tour: Eine Moderne Walz

» Ein offener
Blick in die Welt
wird immer
bedeutender. «

Die typische Lernreise führt normalerweise ins Silicon Valley – in die selbst ernannte Hochburg Modernen Arbeitens. In Scharen pilgern UnternehmerInnen, GründerInnen und Führungskräfte dorthin, um Anregungen für ihre Arbeit zu finden. Christoph Keese beschreibt das in seinem Buch *Silicon Valley: Was aus dem mächtigsten Tal der Welt auf uns zukommt* sehr eindrücklich. Doch wir denken auch, dass Veränderungen in der Arbeitswelt weltweit greifen und nicht auf einen kalifornischen „Kessel" einzugrenzen sind. Zugegeben, die Reise ins Silicon Valley inspiriert die meisten und viele Initiativen daraus lassen sich im Nachhinein sehen. Aber ist das nicht zu einseitig gedacht, zu kurz gegriffen? Ist das Silicon Valley wirklich übertragbar auf „normale" Unternehmen – beispielsweise hier in Deutschland, aber auch anderswo auf der Welt? Diese Gedanken kreisen uns im Kopf herum. Gernot, Annas langjähriger Mentor und „Ziehvater" aus der Universität Bielefeld, hat ihr das Buch von Christoph Keese in die Hand gedrückt, als sie ihm von der Modern Work Tour berichtet hatte – mit dem Hinweis, die vielen kleinen Zettelchen bloß an Ort und Stelle zu lassen.

> **WORKATION** ist eine Kombination der beiden englischen Wörter „work" (Arbeit) und „vacation" (Urlaub). Damit ist eine geplante Arbeitszeit an einem anderen Ort als dem „normalen" Arbeitsplatz gemeint.

Modernes Arbeiten anderswo haben wir schon erlebt – bei *Skyscanner* in Barcelona oder eben bei *Prezi* in Budapest. Seit Jahren reisen wir an verschiedene Orte und lernen dort Menschen kennen, die versuchen, ihre Arbeit anders zu gestalten, anders in ihr Leben zu integrieren. Die Erinnerungen an unsere „Workations" in Spanien und Ungarn lassen uns schmunzeln, denn sie waren es, die uns zu der langersehnten Weltreise angeregt haben. In wenigen Monaten wird es losgehen und aktuell färbt nichts anderes als die Idee zur Modern Work Tour unseren gemeinsamen Alltag bunter.

Das Konzept der Modern Work Tour nimmt mit der Erkenntnis, dass wir auch auf Reisen weiter arbeiten wollen, erst so richtig Gestalt an. Schon eine Weile sparen wir für eine Weltreise und arbeiten beide auf Hochtouren, um weitere Reisetaler auf die hohe Kante legen zu können. Aber dennoch werden und – vor allem – wollen wir auch von unterwegs arbeiten. Eigentlich soll sich an unserer Arbeit nicht allzu viel ändern und auch unsere KundInnen in Deutschland wollen wir weiterhin betreuen, „remote" – also ortsunabhängig. Zu diesem Zeitpunkt ahnt noch keiner, dass zwei Jahre später die gesamte Welt zwangsweise in „Remote Work" wechseln wird. Die Idee gefällt uns immer besser, da wir darin eine echte Chance sehen, unsere Beratungsagentur

Vorbereitung auf unser großes
Abenteuer der Modern Work Tour.

MOWOMIND auch während unserer Abwesenheit aus Deutschland weiter zu führen. „Seid ihr eigentlich beide auf den Kopf gefallen? Jetzt, wo es gerade mit MOWOMIND anfängt, richtig gut zu laufen, und ihr euch in Deutschland einen kleinen Namen gemacht habt?!", fragt uns ein Bekannter, als wir von unseren Reiseplänen berichten. „Ist das nicht viel zu riskant?", überlegt eine andere Freundin von uns laut. Wir sehen uns an und wissen schlagartig: Nein, jetzt ist die Zeit. Wenn wir jetzt nicht gehen, dann werden wir dieses Abenteuer vielleicht niemals wagen!

Mit dieser Entscheidung sehen wir uns aber auch mit der Frage konfrontiert, wie wir das überhaupt machen und schaffen wollen? Wer kombiniert eigentlich noch diese beiden Leidenschaften – das Arbeiten und das Reisen – miteinander? Unsere Antwort darauf finden wir, als wir Philipp begegnen. Wir gabeln ihn auf dem Rückweg einer Geschäftsreise auf und nehmen ihn ein Stück im Auto mit. Philipp trägt Melone, eine schwarze Schlaghose, ein weißes Hemd, eine mit Perlmuttknöpfen versehene Weste und hat all seinen Besitz in einem Charlottenburger neben sich auf der Rückbank liegen. Er sagt von sich, dass er „Wildreisender auf Tippeltour" ist, und grinst. Landläufig ist das unter „Wanderschaft" oder „Walz" bekannt. Es bezeichnet die Tradition, sich nach bestandener Gesellenprüfung zur Erweiterung seiner Erfahrungen und Kenntnisse auf Wanderjahre zu begeben.

REMOTE WORK steht für flexibles, ortsunabhängiges Arbeiten. In Deutschland wird es auch Fern- oder Telearbeit genannt und beschreibt hauptsächlich die Arbeitsorganisation außerhalb des „normalen" Arbeitsplatzes.

Die Idee der Freireisenden begeistert uns sofort. Sie passt irgendwie gut zu uns. Wir leben in Zeiten, in denen Wissen und Erfahrungen so wichtig sind wie nie zuvor. Ein offener Blick in die Welt wird immer bedeutsamer und globale Probleme werden nur gemeinsam zu lösen sein. Wir sehen darin eine spannende Chance. Für uns ist es unglaublich wichtig, sich zu vernetzen, auszutauschen und voneinander zu lernen. Genau das wollen wir auf unserer ganz eigenen „Tippelei" erleben. Wir wollen auf *Moderne Walz* gehen, um herauszufinden, wo und wie überall auf der Welt „Modern" gearbeitet wird. Dafür machen wir uns ein paar Regeln der Walz zunutze, die unsere Vorbereitung, aber auch das Reisen auf der Modern Work Tour beeinflussen:

Interessenten – Aspiranten – Freireisende

Als **Interessenten** werden diejenigen bezeichnet, die darüber nachdenken, auf Wanderschaft zu gehen. Das sind wir jetzt ganz klar, oder?

ANNA SCHNELL (GEB. STANIA) **NILS SCHNELL**

GEBURTSTAG

10. April 1985	10. April 1985

MODERN WORK BEDEUTET FÜR MICH

Mit Neugier innovative Arbeitsweisen auszuprobieren und anderen ebenfalls zugänglich zu machen, damit Menschen und Moderne Technik zu einer gesunden Arbeitsgestaltung verknüpft werden.	Arbeit bewusst und proaktiv zu gestalten und sich neue innovative Arbeitsansätze sowie erfolgreich bewährte Vorgehensweisen zunutze zu machen.

ZIEL DER MODERNEN WALZ

Modernes Arbeiten weltweit und die Menschen hinter den Ideen kennenlernen.	Erkenntnisse und Erfahrungen sammeln, intensives erleben und weltweite Trends zur Zukunft der Arbeit kennenlernen.

3 DINGE, DIE UNTERWEGS PASSIEREN SOLLEN

Fremdes verstehen lernen, Abenteuer erleben und Gelerntes mit der eigenen Lebenswelt verknüpfen.	Ich will mutig sein, Abenteuer erleben und mich auf besondere Art und Weise weiter professionalisieren.

UNVERZICHTBARES REISEGEPÄCK

Opas Taschenmesser, antikes Schmuckkästchen und meine Hörbücher bei „Audible".	Lippenpflege-Set, Gedankenbuch und frischer Ingwer.

SUPERPOWER

Es sich überall „schön" machen zu können und Bestehendes zu nutzen.	In Extremsituationen ruhig und super fokussiert zu werden und damit alle Energie auf das Wesentliche zu richten.

Als **Aspiranten** werden diejenigen verstanden, die sich darum bewerben, auf Wanderschaft zu gehen. „Tippeler auf Probe" könnte man sagen. Denn während der Aspirantenzeit werden sie häufig von den Meistern auf Herz und Nieren geprüft. Erst dann dürfen sie losziehen. Natürlich müssen wir uns bei niemandem darum bewerben, auf Moderne Walz zu gehen. Die Erlaubnis zu diesem Abenteuer geben wir uns selbst.

Wir beschließen, unsere Hamburger Wohnung komplett aufzugeben und zum Antritt der Reise wohnungslos zu sein. Wir hätten also keinen Ort, an den wir zurückkommen könnten. Wenn schon Abenteuer, dann auch richtig!

Da wir beim Einzug zwei Haushalte zusammengeführt haben, quillt unsere Wohnung ohnehin über. Im Laufe eines Jahres machen wir regelmäßig Inventur und stoßen dabei auf die *Marie-Kondo-Methode*. Die zierliche Japanerin hat mittlerweile eine eigene Netflix-Serie übers Aussortieren. Sie empfiehlt, jeden Gegenstand in die Hand zu nehmen und sich dabei zu fragen, ob er einen noch glücklich macht. Wahnsinnig charmant. In diesem Jahr haben wir so viel wie nie zuvor in unserem Leben aufgeräumt: Wir haben auf diversen Flohmärkten in Hamburg in bester Fischmarkt-Manier Bücher, Kleidung und Einrichtungsgegenstände feilgeboten. Ein Riesenspaß!

Wir haben aber auch Nützliches und Liebgewonnenes wie Nils' Spiegelreflexkamera oder Annas Harry-Potter-Sammelbände verkauft. Dabei haben wir uns zu wahren ebay-Profis entwickelt. Emsig beantworten wir Fragen der Nutzer, geben Infos zu unseren Angeboten, feilschen um den Preis und schnüren Pakete. Das Beste daran sind aber die Begegnungen mit den Käufern zwischen Tür und Angel. Häufig enden die Gespräche damit, dass wir Reisetipps oder einen Kontakt zu einem Bekannten erhalten. Mehrmals stecken sie uns einen Obolus zu – für eine Kava in Sarajevo oder ein Weinchen in Ljubljana. Augenzwinkernd weht uns so schon jetzt ein erstes Reisewindchen um die Nase und mit ihm der Geruch nach Freiheit.

Als **Freireisende** werden diejenigen bezeichnet, die ungebunden gegenüber ihrer Handwerkervereinigung, also nichttraditionell, reisen. Dennoch bewahren sie Elemente der Walz – beispielsweise die Kluft. Da wir keiner Zunft für unsere Moderne Walz unterstehen, können wir die Modern Work Tour frei gestalten und uns miteinander auf dieses Abenteuer vorbereiten. Besonders eindrücklich wird das für uns, als wir das Auto, mit dem wir Philipp mitgenommen haben, an Annas Eltern zurückgeben. Bis heute haben wir uns keinen neuen Wagen angeschafft und vermissen das silberne VW Golf Cabriolet nur in seltenen Momenten. Auf der Walz soll man möglichst ungebunden sein – früher hieß das, ledig, kinderlos und vor allem schuldenfrei zu sein.

Die Wanderschaft sollte nicht genutzt werden, um sich vor Verantwortungen zu drücken oder zu flüchten. Freiheit sollte dadurch entstehen, in eine Bestandsaufnahme zu gehen und die eigenen Angelegenheiten vor der Abreise zu klären – ein herrliches Konzept, um sich reisebereit zu machen.

Eine Zeit über den eigenen Tellerrand hinaus

Auf der Walz dürfen die Freireisenden ihrem Heimatort in der Regel nicht näher als 50 Kilometer kommen. Sie müssen sich an den sogenannten *Bannkreis* halten. Bannkreis – kein besonders schönes Wort, denn es verbannt einen im wahrsten Sinne während der Wanderschaft aus der eigenen Heimat. Für uns macht das Konzept des Bannkreises wenig Sinn, da wir nicht vorhaben, uns lange in Deutschland aufzuhalten. Schließlich wollen wir auf eine weltweite Suche nach Moderner Arbeit gehen. Sich aber bewusst als Fremde auf Abenteuer zu begeben, reizt uns sehr. Das heißt für uns, sich eine „Zeit über den Tellerrand hinaus" zu nehmen, die erst einmal kein Enddatum hat. Es wird ohnehin die bisher längste Zeit weg von daheim für uns werden, was uns erquickt und unsere Familien schwer schlucken lässt.

Auf der Modern Work Tour selbst haben wir dann eine „Tellerrandzeit" von höchstens zwei Monaten an einem Ort oder in einem Land festgelegt. Wie heißt es so schön: „Wenn der Postbote grüßt und der Nachbarshund nicht mehr bellt, wird es Zeit zum Weiterreisen." Auf Tippelei soll – wie Hannes Wader singt – ein gepflegtes „Heute hier, morgen dort" gelebt werden, das es uns ermöglicht, in fremde Kulturen einzutauchen, sich aber nicht in ihnen zu verlieren. Auf unserer Modernen Walz sind wir nur in China und auf den Philippinen zwei Monate geblieben. In China verfliegt die Zeit so rasant, dass wir es kaum merken; auf den Philippinen bleiben wir unfreiwillig länger als gewollt hängen.

Der Brauch des Vorsprechens

Der Brauch des Vorsprechens hat uns eine Idee dazu gegeben, wie wir auf der Modern Work Tour Kontakte knüpfen können. Denn uns wird bewusst, dass wir uns in den einzelnen Ländern vernetzen müssen. Den Freireisenden ist es auf Wanderschaft nicht erlaubt, in jeder Stadt oder jedem Dorf ungefragt Arbeit anzunehmen. Deswegen sind sie dazu verpflichtet, bei den jeweiligen

In Kunming (China) klappt die Kontaktaufnahme nur mit der Unterstützung unserer kuscheligen HelferInnen in der Airbnb.

Stadtvertretern vorstellig zu werden. Das Ritual des Vorsprechens und was genau dabei gesagt wird, ist ein streng gehütetes Geheimnis. Damit soll sichergestellt werden, dass die Arbeit auch von einem „echten" Handwerker ausgeübt wird und das Privileg nicht missbraucht werden kann.

Ach, hätten wir gerne ein vorgeschriebenes Codewort oder Sprüchlein gehabt! Das hätte uns als „ehrbare Arbeitsabenteurer" ausgewiesen und uns einen sehr viel leichteren Zugang in den jeweiligen Ländern verschafft. Ohne ein solches Zauberwort hieß das für uns allerdings viel harte und ernüchternde Arbeit – nämlich viel, sehr viel Kaltakquise. Denn zu diesem Zeitpunkt haben wir kein aktives Netzwerk in den meisten Ländern. Oder kennst du etwa Menschen in Georgien, Kirgistan oder Uganda?

Drei Stufen der Kontaktaufnahme

Wenn schon kein Sprüchlein, so haben wir in der Planung und Vorbereitung drei Stufen des Vorsprechens entwickelt. Auf diese Weise sind wir an unsere Treffen und Aufträge gelangt, womit sich die Modern Work Tour erst geformt hat.

1. UNSER NETZWERK. Wir suchen in unserem eigenen Netzwerk, ob wir bereits Kontakte in den Ländern haben, in die wir reisen wollen. Dabei stellen wir erfreut und teilweise überrascht fest, dass unser Bekanntenkreis internationaler ist als gedacht. So erhalten wir beispielsweise die Gelegenheit, bei einer ehemaligen Arbeitskollegin von Nils in Shanghai zu wohnen. Weiter fragen wir aktiv unser Netzwerk nach Kontakten in den jeweiligen Ländern. Dadurch potenziert sich die Möglichkeit, auf spannende Unternehmen zu treffen.

Das gelingt auch immer wieder – zum Beispiel beim *American Institute of Architects* in Hongkong. Mit regelmäßigen Posts und Visualisierungen auf LinkedIn und Twitter zeigen wir unserer Community, für welche Regionen wir derzeit in der Planung stecken, und fragen nach interessanten Kontakten.

2. DIE KALTAKQUISE. Zugegebenermaßen ist der Aufwand sehr groß und der Ertrag hingegen mickrig klein. Doch uns bleibt nichts anderes übrig! Für uns heißt das: tagelang über LinkedIn, Twitter, Angellist.io und weitere Websites proaktiv die Fühler auszustrecken und hartnäckig für unseren Wunsch einzustehen. Im chinesischen Kunming zum Beispiel haben wir fast zehn Tage lang Unternehmen, Hochschulen mit internationaler Ausrichtung und Menschen mit spannenden Rollen angeschrieben. Das Resultat war mehr als ernüchternd und unsere Laune schon bald tief im Keller. Wir sitzen dort bei schlechtem Wetter und schreiben von morgens bis abends Nachrichten ins Nichts – zumindest fühlt es sich so an.

Besonders in China sollten wir die Erfahrung machen, wie wichtig es ist, das richtige Tool zum Vernetzen zu verwenden. Gelernt haben wir hier, dass per Mail oder LinkedIn Message wenig bis gar nichts zu erreichen ist. Erst als wir uns nach einem Treffen in Shanghai bei WeChat registrieren, werden wir weiterempfohlen – und plötzlich gelingt die Vernetzung im Minutentakt. Wir gewöhnen uns hier so an das rasante Tempo, dass jegliche Antwortzeit, die länger als zehn Minuten ist, uns bald langsam vorkommt. Dagegen warten wir auf wichtige Antworten aus Deutschland manchmal über eine Woche lang. So unterschiedlich funktioniert also Zeit. In der Regel läuft unsere Suche so ab, dass im ersten Schritt gegoogelt wird – zum Beispiel: „innovative companies Sydney" oder „Singapur inspiring CEO". So bekommen wir einen ersten Eindruck. Mit der Zeit werden wir echte Profis im Suchen und Finden, auch wenn diese Arbeit häufig keinen Spaß macht.

3. WEITEREMPFEHLUNG VOR ORT. Am besten entstehen großartige Treffen, wenn wir bereits vor Ort sind und schon erste Sessions hatten. In den meisten Fällen sind die Menschen von unserer Modern Work Tour begeistert und vernetzen uns mit Personen und Unternehmen, die wir unbedingt kennenlernen müssen. Durch diese Empfehlungen entstehen in der Regel extrem schöne Erlebnisse, da ein Treffen aufgrund eines persönlichen Kontaktes direkt mit einem Vorschuss an Vertrauen beginnt. Auf diese Weise erhalten wir auch die meisten Aufträge und treffen auf Personen und Unternehmen, die bei einer Kaltakquise wahrscheinlich nicht einmal reagiert hätten. Auch gehen wir auf den tollen Tipp unserer Netzwerk-Kollegin Corinna ein, die uns empfiehlt, bei den jeweiligen deutschen Außenhandelskammern anzuklopfen. Hier bekommen wir immer wieder spannende Empfehlungen und sogar tolle Aufträge. Manchmal reisen wir im jeweiligen Land noch ein wenig herum, um dann anschließend ein geplantes Training durchzuführen. Und plötzlich macht auch die Tellerrandzeit wieder Sinn. Denn so mancher Ort scheint uns gar nicht mehr loslassen zu wollen, weil so viele spannende Möglichkeiten entstehen. Doch dank der Tellerrandzeit geben wir uns einen Ruck und ziehen weiter.

Auf der Modern Work Tour lernen wir, wie wichtig alle drei Stufe des Vorsprechens sind, auch wenn sie manchmal ganz schön anstrengend sind. Aber wir werden im Laufe der Zeit immer besser darin, uns die Arbeit einzuteilen und systematisch zu organisieren. Der Begriff „Shit Sandwich", den Elizabeth Gilbert in ihrem Buch *Big Magic* verwendet, passt hier wie die Faust aufs Auge. Das „Shit Sandwich" ist die Bereitschaft, das Schlechte oder Nervige gemeinsam mit dem Guten hinzunehmen. Sind wir also bereit, die ganze Arbeit auf uns zu nehmen? Oh ja, das sind wir! Sobald wir wieder ein Treffen haben, das uns begeistert, wissen wir genau, warum wir das alles machen.

So manche Nachricht aus Deutschland verwundert uns dann aber schon: „Wie ist denn euer Urlaub so?" Oder: „Hach, einfach mal so lange nichts tun, das muss herrlich sein!" Es ist schon interessant, dass der Eindruck von Urlaub entsteht, nur weil man nicht mehr in Deutschland arbeitet. Dieses fluide Arbeitskonzept ist offenbar nicht so leicht zugänglich und die viele Arbeit wird von einigen nicht wahrgenommen – noch so ein „Shit Sandwich" …

Drei Zeithorizonte der Planung

Nach und nach entwickeln wir bei der Planung ein Vorgehen, das wir in drei Zeithorizonte einteilen. Auf diese Weise gelingt es uns, von losen Kontakten bis hin zu konkreten Treffen zu planen, ohne uns vorschnell Optionen zu nehmen und gleichzeitig Verlässlichkeit aufzuzeigen und Vertrauen aufzubauen.

1. DREI MONATE PLUS. Alles, was länger als drei Monate hin ist, muss noch nicht konkret geplant werden. Dennoch stoßen wir bei unseren Recherchen immer wieder auf Personen und Unternehmen, die wir unbedingt treffen wollen. In den Nachrichten und Mails heißt es dann beispielsweise, dass wir „im Herbst" wahrscheinlich im Land sind. Stets fragen wir, ob grundsätzliches Interesse an einem Treffen oder Bedarf an unseren Angeboten besteht. In diesem

In großen Schritten wird aus Vorfreude endlich die konkrete Planung für die Moderne Walz.

Zeithorizont investieren wir noch nicht viel Aufwand, sondern fühlen ein bisschen vor.

2. EIN BIS DREI MONATE. In diesem Zeithorizont werden wir deutlich konkreter. Wir gehen bereits in die Planung mit Unternehmen: Es werden Inhalte für Workshops oder Trainings vorgeplant und gemeinsame Verabredungen getroffen. Wir können bereits besser abschätzen, wo wir wann sein werden. Wir orientieren uns hier an einem Zeitstrahl, den wir auf unserer Website wie Tourdaten einer Band veröffentlichen. Dank der leichten Flexibilität fühlen wir uns nicht eingeschränkt. Und zur Not verschieben wir die geplanten Treffen noch einmal. Das passiert beispielsweise nach unseren Stationen in Albanien und China. Dort bleiben wir deutlich länger als geplant. Doch so viel Freiheit nehmen wir uns. So ist halt das Arbeitsabenteuer, es kann nicht immer alles perfekt geplant sein. Manchmal schätzen wir die Wegstrecken auch komplett falsch ein und merken erst bei der konkreten Buchung, dass aus den von Google Maps prognostizierten vier Stunden in Wahrheit sieben bis elf Stunden werden.

3. UNTER EINEM MONAT. In diesem Zeithorizont werden wir so konkret wie möglich. Wir wissen, wann wir vor Ort sind, und terminieren fleißig die geplanten Treffen. Dabei erleben wir am eigenen Leibe, dass es sinnvoll sein kann, in einer ganz neuen Umgebung erst einmal einen „Ankommenstag" zum Akklimatisieren zu haben. Das klappt nicht immer, aber mit der Zeit immer

Immer wieder nehmen wir uns „Abenteuer-Auszeiten", um Land und Leute besser kennenzulernen.

besser. Dennoch sind uns Treffen besonders zu Beginn des Aufenthalts wichtig, weil so Weiterempfehlungen vor Ort leichter Früchte tragen.

Bei der Planung für Afrika werden unsere drei Zeithorizonte etwas aufgeweicht. Hier machen wir die Erfahrung, dass die meisten Treffen zeitlich nur unter einem Monat geplant werden. „Meldet euch, wenn ihr in der Stadt seid!", hören wir häufig, was für uns erst einmal sehr ungewohnt ist. Warum sagen sie nicht einfach, wann sie können und wir legen das fest? Okay, so läuft es halt nicht. Und letztlich funktioniert diese Spontanität recht gut.

Selbstverständlich klappt nicht immer alles wie in der Dreiteilung beschrieben. Gerade am Anfang müssen wir hier unseren Rhythmus erst finden. Ein so großes Projekt haben wir beide in unserem Leben noch nie gestemmt. Besonders weil wir ja „nur" zu zweit sind, braucht es eine gute Planung. Das ist zwar aufwendig, aber nicht unbedingt schwierig. Eine sinnvolle Aufteilung und gutes Teamwork helfen uns dabei, das Reisen zu planen, die Treffen vor Ort vorzubereiten, mit den KundInnen zu Hause weiterzuarbeiten und natürlich auch „Quality Time" auf der Reise zu haben. Es ist eine Menge, doch wir wollen das hinkriegen. Für einen großen Traum, so merken wir, können wir auch viel Energie aufbringen.

Unsere Sessions: Was wir vor Ort anbieten

Alle Treffen fassen wir unter dem Begriff „Sessions" zusammen. Je nach Bedarf und Machbarkeit schauen wir gemeinsam mit den Unternehmen oder Ansprechpartnern, was am sinnvollsten erscheint. Die Themen „Modern Work", „New Work" und „Teamwork" stehen dabei sehr hoch im Kurs. Folgende Sessions haben wir im Reisegepäck als Angebot dabei:

BERATUNG: Wir bringen unsere geballte Expertise rund um Modernes Arbeiten, Führung und Wissensvernetzung mit ins Unternehmen und geben Tipps und Tricks weiter.

COACHING: Wir begleiten Personen (und manchmal Teams) in ihren persönlichen Entwicklungsprozessen und Herausforderungen. Unterwegs sind das meistens GründerInnen, CEOs und General ManagerInnen.

TRAINING: Wir trainieren eine Gruppe oder ein Team vor Ort zu einem ausgewählten Thema. Alle Trainings basieren auf dem von uns entwickelten Trainity Modell, bei dem wir Input mit praktischen Übungen und Reflexionsschleifen kombinieren.

WORKSHOP: Wir begleiten eine Gruppe oder ein Team zu einer gewählten Thematik im Gruppenprozess, geben kleine Denkanstöße und moderieren in erster Linie.

VORTRAG: Wir berichten von Modernem Arbeiten, New Work und unserer Modern Work Tour mit anschließender Fragerunde, die häufig am meisten Spaß bringt.

INTERVIEW: Häufig gekoppelt mit einem anderen Format, interviewen wir inspirierende Menschen. Wir befragen sie zu ihren Erkenntnissen und Erfahrungen mit Moderner Arbeit im eigenen Land und ihren Wünschen für die Zukunft der Arbeit.

WISSENSAUSTAUSCH: Damit hat alles mal angefangen – wir treffen uns und tauschen uns informell über Themen aus, die beide Seiten bewegen. Daraus entstehen immer wieder Aufträge und wir erhalten allerlei spannende Einblicke.

Mit dieser Auswahl an Sessions machen wir sehr gute Erfahrungen. Für Interessierte ist immer etwas dabei und wir können unsere Expertise genau so einbringen, wie es vor Ort am meisten Sinn ergibt. Denn uns ist es extrem wichtig, nicht nur selbst spannende Einblicke zu erhalten, sondern konkreten Mehrwert vor Ort zu stiften – schließlich befinden wir uns ja auf Moderner Walz.

#MODERNWORKTOUR: Eine moderne Walz

Prinzipien Moderner Arbeit

Und genau davon wollen wir im Anschluss genauer berichten. Nun könnte man meinen, dass eine Weltreise in die Zukunft unserer Arbeit vor allem über die neuesten und innovativsten Technologien berichtet. Doch was wir auf der Modernen Walz erfahren, sind vielmehr Sichtweisen, die Modernes Arbeiten beeinflussen und dadurch erst möglich machen. Dazu gehört auch tolle Technologie, doch viel häufiger geht es darum, wie Menschen auf die Veränderungen der Arbeitswelt reagieren.

Insgesamt sind wir – mit einer kleinen Unterbrechung in Deutschland – von Mai 2018 bis April 2020 auf Moderner Walz. Die Weltkarte zeigt dir unsere Route durch 34 Länder auf vier Kontinenten.

In den nächsten neun Kapiteln stellen wir dir anhand von Beispielen und unseren Erfahrungen aus der Modern Work Tour Erkenntnisse und Ableitungen für Modernes Arbeiten vor. Dabei greifen wir auf 130+ Sessions inklusive knapp 50 geführte Interviews zurück und fassen sie unter **Prinzipien Moderner Arbeit** zusammen. Dabei erfährst du, durch welche Reise- und Arbeitserfahrungen diese *Modern-Work-Prinzipien* inspiriert wurden.

> **MODERN-WORK-PRINZIPIEN** sind Handlungsmaximen Moderner Arbeit. Ihr Zweck ist es, Hilfestellungen zur sinnstiftenden Weiterentwicklung der Arbeitswelt zu geben.

Die Prinzipien können dir für deine eigene Auseinandersetzung mit der Zukunft unserer Arbeit eine Orientierung geben. Sie sollen dazu beitragen, dass du deinen eigenen Arbeitskontext reflektierst, mutig neue Initiativen startest und aus eigener Kraft heraus Dinge veränderst. Das bedeutet nicht, dass du dich selbst auf eine Weltreise begeben musst. Du kannst dir aber Inspirationen zur Veränderung holen, sodass deine Arbeitswelt von dir nicht nur erlebt und ertragen, sondern bewusst und proaktiv mitgestaltet wird.

Das Prinzip „Sinn ermöglichen" halten wir für zentral, sodass wir damit beginnen. Deshalb starten wir mit unserem Bericht auch nicht im Balkan, sondern im fernen Australien.

Sinn ermöglichen

Big Lagoon – Westaustralien

Australien

Auf unserem Roadtrip von Perth bis Shark Bay haben wir die Schönheit Westaustraliens erst so richtig erlebt. Dabei sind wir sowohl von den intensiven Farben und endlosen Weiten als auch von der entspannten Lebensart der Australier begeistert.

Sydney

Shark Bay

In Sydney haben wir nicht nur die Gelegenheit, spannende GründerInnen und Unternehmen kennenzulernen. Wir besuchen auch das berühmte Opernhaus.

*H*ey guys, how are you? Welcome to West Australia!", begrüßt uns eine große, blonde Zollbeamtin am Perth International Airport schon von Weitem und grinst von einem Ohr zum anderen. Wir reisen auf der Modern Work Tour nun zum 16. Mal in ein neues Land ein. Aber so herzlich sind wir bisher noch nirgends empfangen worden. Das ist ja schon mal sehr entspannt, denken wir uns. Als wir ihr die Reisepässe zuschieben, fragt sie uns noch immer freudestrahlend: „Seid ihr zum ersten Mal in Australien?" Doch dann runzelt sie die Stirn und sieht zu uns auf. „Seid ihr beiden etwa Zwillinge?", fragt sie leicht irritiert und mustert unsere Pässe. „Ich hätte darauf gewettet, dass ihr ein Paar seid. Aber dasselbe Geburtsdatum …?", lässt sie den Satz unbeendet. „Ja, wir sind ein Paar – und wir sind am selben Tag, im selben Jahr, aber nicht zum selben Zeitpunkt und auch nicht am selben Ort geboren. Schau mal hier …", wir deuten auf die Zeilen mit den Geburtsorten. „So was habe ich hier auch noch nicht gehabt. Es gibt wohl für alles ein erstes Mal", lacht sie und schüttelt belustigt den Kopf. „Still Firsts" zu haben und diese zu feiern, das mögen auch wir. Kleinigkeiten, die man zum ersten Mal erlebt, fallen uns nicht nur beim Reisen auf. Aber beim Reisen kommen sie viel häufiger vor.

Noch weiter weg von zu Hause werden wir auf der Modern Work Tour nur noch in Sydney an der Ostküste Australiens sein. Doch schon die Westküste kommt uns sehr weit weg, aber überhaupt nicht fremd vor. Ganz im Gegenteil: Vom ersten Augenblick fühlen wir uns verbunden mit diesem Land und – das ist das Entscheidendste – völlig entspannt.

Wie schon bei der Einreise beginnen hier die meisten Gespräche ähnlich vergnügt und lässig. Bei RAC, dem *Royal Automobile Club* in Westaustralien, dessen Firmensitz wir in Perth besuchen, gilt so etwas in der Art sogar als Motto für den internen Veränderungsprozess des Unternehmens. Von Cettina Raccuia, Head of Innovation bei RAC, bekommen wir einen tollen Satz zu hören: „Every interaction counts!" Jede Interaktion zählt. Denn wie wir anderen begegnen, hängt davon ab, wie wir ihnen begegnen wollen, erklärt sie uns: „Wir selbst legen fest, ob wir mit Skepsis und Argwohn oder Offenheit und Neugierde auf eine Anfrage, einen Impuls reagieren. Wenn wir Letzteres tun, können Innovationen entstehen." Es liegt an uns, ob wir im Meeting einer kritischen Stimme ausreichend Interesse entgegenbringen, um den aufschlussreichen Teil der Botschaft zu erfahren, oder ob wir direkt abschalten, weil uns dieser Mehraufwand zu anstrengend ist. Wir selbst entscheiden, ob wir auf der Straße einer orientierungslos dreinblickenden Person ein paar Minuten unserer Lebenszeit schenken. Mit nur kleinem Aufwand können wir dabei

Mit Cetina sprechen wir in Perth über Leitbilder der Transformation bei RAC.

helfen, den richtigen Weg zum Zielort zu finden. So einfach kann es sein, und die Australier schnacken nicht nur, sondern sie machen auch. Ein Beispiel sind die BusfahrerInnen: Auf wirklich jeder Busfahrt durch Perth werden wir fröhlich von ihnen begrüßt und dann auch wieder verabschiedet. Wie cool ist das denn, bitte?! Sie geben uns jedes Mal das Gefühl, dass sie uns gerne fahren und darin einen Sinn sehen. Eine Busfahrerin lässt uns sogar vorsorglich schon ein bisschen früher raus, als wir ihr sagen, wo wir hinwollen: „Ihr müsst zwar ein kleines Stückchen weiter gehen, aber hier ist es sicherer. Wenn ich euch weiter drüben rauslasse, kommt ihr auf die große Verkehrsstraße – das ist einfach zu gefährlich. Schließlich ist es mein Job, euch sicher von A nach B zu bringen."

Genau diese Haltung und Sichtweise auf den eigenen Job, die eigene Tätigkeit, macht Modernes Arbeiten aus. Frithjof Bergmann, der Begründer der New-Work-Bewegung, fordert genau das in seinem freiheitsphilosophischen Ansatz: „Frag dich, was du wirklich, wirklich willst." Dabei geht er davon aus, dass Arbeit Leben nehmen und geben kann und dass Menschen in ihrer Tätigkeit heutzutage immer weniger Sinnhaftigkeit erkennen. Der Sinn der Busfahrerin, ihre Fahrgäste sicher an ihren Zielort zu bringen, verleiht ihr die Kraft, alles in ihrer Macht Stehende dafür zu tun, damit das auch gelingt. Sie hätte uns einfach wie vorgesehen absetzen und weiterbrausen können. Aber nein, sie fragt nach, wohin wir wollen, als sie unser Gepäck sieht. Dann überlegt sie, wie das auf ihrer Route am besten gelingen kann. Dadurch schreibt sie ihrer Tätigkeit eine Bedeutung zu, die sie ihren Job grundlegend wirksamer und besser ausführen lässt. Bergmann schreibt in seinem Buch *Neue Arbeit, Neue Kultur:* „Es geht um die Schaffung einer Gesellschaft und Kultur, in der wirklich jeder, Mann oder Frau, die Chance bekommt, einen beträchtlichen Teil seiner Zeit mit einer Arbeit zu verbringen, die er oder sie erfüllend und faszinierend findet und die die Menschen aufbaut und ihnen mehr Kraft und mehr Vitalität gibt." Und diese Lebendigkeit, diese Energie bekommen wir hier bei jeder Busfahrt geboten – so ist Arbeiten doch wirklich viel schöner und freier, oder?

Das, was hier zunächst so einfach klingt, ist überhaupt nicht einfach. Schon die Frage nach dem „wirklich, wirklich Wollen", wie Bergmann es zuspitzt, ist richtig, richtig schwer. Hast du selbst schon mal ausprobiert, dir diese Frage zu beantworten? Allein die schiere Vielfältigkeit, die wahnsinnigen

Möglichkeiten, die sich hier auftun, können einen ganz unruhig werden lassen und zu einigen schlaflosen Nächten führen. Das haben wir bei einem unserer nächsten Treffen auf sehr eindrückliche Weise erfahren. Nach unserer Zeit an der Westküste Australiens und einem unvergesslichen Roadtrip durch atemberaubende Landschaften geht es für uns nach Sydney.

Meet Steven von *No Moss* – Australien

Steven HK Ma ist Geschäftsführer der Beratungsagentur *No Moss* in Sydney – und es gab eine Zeit, da hatte er mit schlaflosen Nächten zu kämpfen. Denn einige seiner rund 30 Mitarbeitenden hatten ihn, so empfand er es zumindest, ziemlich hart auf die Probe gestellt: Sie waren mit einem ungewöhnlichen Anliegen auf ihn zugekommen, das andere UnternehmerInnen wohl zu einem ungläubigen Lachanfall oder resigniertem Kopfschütteln verleitet hätte. Seine Mitarbeitenden erzählten ihm, dass sie anstelle der bisherigen Finanzprodukte in Zukunft lieber Spiele-Apps entwickeln wollten. Statt das Ganze als Schnapsidee abzutun und den Mitarbeitenden noch mal vor Augen zu führen, was die Unternehmensziele sind, dachte Steven ernsthaft darüber nach. Denn dieser Vorstoß – so gibt er im Interview zu – ist letztlich genau das,

Radikale Veränderungen – und das mit Sinn!

was er von seinen Mitarbeitenden erwartet: „We talk a lot about purpose and what drives us to really do things regarding our purpose." Bei *No Moss* wird also viel über die Sinnhaftigkeit gesprochen und darüber, was konkret dafür getan werden kann.

Steven war schon vor einiger Zeit klar geworden, dass seine Mitarbeitenden ihr Potenzial nicht richtig freisetzen können, wenn sie immer nur seine Ziele verfolgen und seine Vorstellungen umsetzen. Daher hat er beschlossen, seine Rolle als CEO abzulegen. Stattdessen nahm er eine neue Rolle ein, die ihn weniger managen, dafür aber mehr führen lässt. Er entwickelte für sich und sein Unternehmen die Rolle des „CPO", des Chief Purpose Officers. Seine Aufgaben in dieser Rolle beschreibt er so: „I see my role in helping people explore their purpose, articulate their purpose and give them an environment to take action towards their purpose." Stevens Mitarbeitende sollen also ihren Sinn finden. Sie sollen sich Themen und Aufgaben widmen, für die sie eine persönliche Passion haben oder eine Berufung verspüren. Menschen dabei zu helfen, ihren Sinn zu erkunden, ihn zu fassen und voranzutreiben, sieht er als wichtigste Aufgabe seiner Rolle. Er findet vor allem, dass er eine dienende Haltung einnehmen muss, um den Menschen die Suche nach ihrer Sinnhaftigkeit zu ermöglichen. Im Interview formuliert er das wie folgt: „To serve the people and their ecosystem to find purpose."

Nun scheint aber die gesamte Diskussion um diesen „Purpose" häufig doch sehr willkürlich geführt zu werden. Deswegen fragen wir nach, was denn Purpose für Steven eigentlich bedeutet. Er hat eine interessante Antwort für uns: „For a definition we started with big, unfinishable and unachievable dreams but we have learned that these dreams can be simplified." Große, nicht zu erfüllende und nicht zu erreichende Träume? Das klingt nicht besonders motivierend, denken wir und sind skeptisch. „Es sind Vorstellungen, die uns antreiben und deswegen nie ganz verwirklicht werden können", sagt Steven und erklärt weiter: „Nicht im Sinne, dass sie nie zu erreichen sind. Wie zum Beispiel in meiner Rolle als CPO: Hier liegt mein Sinn darin, Arbeit wieder menschlicher zu machen. Das kann ich auf ganz unterschiedliche Weise tun. Ich kann Aufgaben dafür ableiten oder kleinere Unterziele finden. Diese Arbeit wird aber nie wirklich enden, weil immer wieder neue Ideen entstehen werden, wie Arbeit für einen bestimmten Menschen noch sinnvoller gestaltet werden kann." Deswegen unterscheidet Steven verschiedene Ebenen von Purpose. „Deep purpose, big or large purpose, small purpose, defined or undefined purpose", zählt er lächelnd auf.

Seiner Meinung nach braucht es neben einer sicheren Umgebung, um über den eigenen Sinn zu sprechen, auch die Routine, das regelmäßig zu tun: „One important thing is to practice in order to explore and explain what the purpose is." Er tut das beispielsweise in den – wie er sie nennt – „Purpose Talks". Das sind regelmäßig stattfindende Workshop- und Meeting-Formate, in denen die Mitarbeitenden ihre Projekte und Arbeitsbereiche mit Bezug auf ihren Sinn in dieser Tätigkeit vorstellen und diskutieren. Ideen werden ausgetauscht, um die Umsetzung in einem Diskurs mit allen anderen im Unternehmen zu verfeinern und auszutesten. In einem solchen „Purpose Talk" wurde Steven dann Folgendes klar: Wenn er seine Rolle als CPO ernst nehmen und konsequent leben will, muss er auch seinen Mitarbeitenden mit der überraschenden Idee, Spiele-Apps zu entwickeln, eine Chance geben. Schlaflose Nächte hin oder her: „To work on a purpose means to reconceptualize and reframe work and your views again and again." Also erhielten die Mitarbeitenden tatsächlich die notwendige Unterstützung durch eine aktive Beglei-

Sightseeing am Opern-
haus von Sydney an der
Ostküste Australiens.

tung im Prozess sowie regelmäßige Reflexionsschleifen und Rückmeldungen von KollegInnen in weiteren „Purpose Talks". Und die Resultate können sich durchaus sehen lassen: Die Zufriedenheit der Mitarbeitenden bei *No Moss* stieg. Zudem kann sich das Unternehmen auch über den Aufbau eines neuen und ertragsfähigen Teilbereichs freuen. Durch die Initiative der Mitarbeitenden konnte das Portfolio bei *No Moss* erfolgreich erweitert werden.

Steven wiederum ist, wie er sagt, in seiner Führungsrolle gewachsen und hat angefangen zu begreifen, was es wirklich heißt, zu führen: „The greatest thing about leadership is to see how people grow." Sein schönstes Erlebnis ist es, wenn die Menschen einen Überraschungsmoment beziehungsweise einen Aha-Effekt erleben, weil sie sich vorher noch nie Gedanken über diese oder jene Frage gemacht haben. Dabei hatte er zum Zeitpunkt unseres Interviews noch nie etwas von New Work und Frithjof Bergmann gehört. Dennoch hat er aus der eigenen Intention heraus ein wesentliches Prinzip von Moderner Arbeit, das auch der New-Work-Begründer Bergmann in den Mittelpunkt seiner Überlegungen stellt, verinnerlicht und umgesetzt: als Wegbegleiter bei der Sinnsuche seiner Mitarbeitenden zu fungieren. Damit hat er es geschafft, mit *No Moss* ein Unternehmen aufzubauen, in dem der Sinn der Mitarbeitenden den Sinn des Unternehmens formt – und nicht umgekehrt.

Und das macht vieles leichter: Denn dort, wo Mitarbeitende Projekte verfolgen, in denen sie einen persönlichen Sinn sehen, wächst die Motivation und die Leidenschaft beim Arbeiten. Es fällt leichter, an der Sache dranzubleiben und mit Rückschlägen umzugehen. Auch steigt die Bereitschaft, zu lernen. Denn von innen heraus möchte man das Thema oder Projekt vorantreiben und erfolgreich machen. Was dagegen sinkt, ist das Interesse der Mitarbeitenden, das Unternehmen zu wechseln – und dabei wertvolles Wissen mitzunehmen. Wissen, das dem Unternehmen letztlich fehlt und wieder aufgebaut werden muss. Wenn aber der persönliche Purpose nicht zum Unternehmen passt oder die Mitarbeitenden eigentlich etwas ganz anderes wollen, wird das durch die „Purpose Talks" auch sehr schnell deutlich, sagt Steven. Der Unterschied liegt darin, dass der Sinn einen antreibt. Wenn das klar ist, kann man sich auch einfacher und zufriedener voneinander trennen.

Steven brauchte allerdings viel Mut und die Bereitschaft, sein Ego und sein bisheriges Verständnis von Führung zu reflektieren und zu hinterfragen. Auch das ist ein zentrales Element von Moderner Arbeit, das grundsätzlich für alle Führungskräfte gelten sollte: Einen Schritt zurückzutreten und den Mitarbeitenden die Möglichkeit zu geben, mehr für sich einzustehen und somit auch mehr Verantwortung zu übernehmen. Es geht zum Beispiel darum, sich zu fragen: Lehne ich eine Idee ab, weil ich sie aus Sicht des Unternehmens tatsächlich für schädlich halte? Oder gefällt es mir nicht, dass jemand anderes eine potenziell interessantere oder sogar bessere Idee hat?

Modern-Work-Prinzip: *Sinn ermöglichen*

Für die Busfahrerin besteht der Sinn ihrer Arbeit darin, Menschen sicher zu transportieren. Offenkundig schreibt sie der Sicherheit eine wesentliche Bedeutung in ihrer Tätigkeit zu. Wenn der Sinn die Handlungen formt, führt das auch dazu, dass die Busfahrerin rücksichtsvoller fährt, um ihre Fahrgäste und andere VerkehrsteilnehmerInnen nicht zu gefährden. Oder sie denkt – wie in unserem Fall – auch über die Busfahrt hinaus an das Wohlergehen ihrer Passagiere. **Dabei ist der Sinn nie ganz vollendet und treibt uns immer wieder an, danach zu handeln und zu arbeiten.** Somit kann Sinn nicht nur zur Zielerreichung motivieren, sondern auch eine gedankliche Auseinandersetzung über das eigene Leben anregen.

Für Moderne Arbeitskontexte bedeutet das, regelmäßig in eine Auseinandersetzung über die Sinnhaftigkeit zu gehen. Dafür hilft es, Formate für das Erkunden und Entdecken von Sinn wie die „Purpose Talks" bei *No Moss* zu entwickeln. **Die zentrale Ausgangsfrage, um nach dem Sinn oder der Bedeutung der eigenen Tätigkeit zu fragen, ist das WARUM.** Zu wissen, WARUM man etwas tut, hilft dabei, das eigene Verhalten, die eigenen Bedürfnisse und Wünsche besser zu verstehen. In seinem überaus bekannten und bemerkenswerten Ted-Talk greift Simon Sinek dieses Prinzip in seinem „Golden Circle" auf. Ihm ist aufgefallen, dass sich erfolgreiche UnternehmerInnen und Führungskräfte von anderen darin unterscheiden, wie sie über ihre Arbeit denken, sich dabei verhalten und ihren Sinn kommunizieren. Das WARUM steht dabei stets im Mittelpunkt und beeinflusst das Mindset.

Das Prinzip „Sinn ermöglichen" ist eng mit dem Bergmann'schen Konzept von New Work verknüpft. Sinn zu ermöglichen bedeutet, **nach dem „wirklich, wirklich Wollen" zu fragen** und herauszufinden, wie dieser Wunsch das Leben bereichern kann. Um New Work in eine tatsächlich zeitgemäße und damit Moderne Arbeit zu überführen (schließlich stammt der New-Work-Ansatz aus den 1970ern), erscheint es uns auch wichtig, konkrete Handlungen abzuleiten, wie es uns besonders in Australien immer wieder vor Augen geführt wird. **Wir halten es für entscheidend, zwischen dem Kern und der Hülle von New**

New Work
HÜLLE ODER KERN?

WAS MAN SIEHT

Hülle – damit sind die Resultate, die aus den New-Work-Initiativen entstehen und nach außen getragen werden, gemeint. „Was wir sehen" stellt hier das zentrale Element dar. In unserem Beispiel ist das die Entwicklung von Spiele-Apps als ergänzender Teilbereich bei *No Moss*.

WAS MAN DENKT

Kern – darunter ist die Philosophie, die Denkart beziehungsweise das Mindset der Menschen zu verstehen, die mit New Work arbeiten. „Was wir denken" ist hier das zentrale Element. Es erfasst die Denkart hinter der Arbeitsweise. Bei *No Moss* wird das folgendermaßen zusammengefasst: „Our purpose is our people's purpose!"

WAS MAN TUT

Fruchtfleisch – dabei handelt es sich um die konkrete und gelebte New-Work-Praxis, in der die Menschen in Interaktion miteinander stehen. „Was wir tun" stellt hier das zentrale Element dar und umfasst die tatsächlichen Handlungen, die zum einen aus einem Sinnkern entstanden sind und zum anderen zur Hülle führen. Das wären beispielsweise die „Purpose Talks".

Work zu unterscheiden. Damit New Work nicht zu einem Containerbegriff verkommt, unter dem jede Initiative in der Arbeitswelt gefasst werden kann, braucht es eine inhaltliche Abgrenzung. „Für viele ist New Work etwas, was die Arbeit ein bisschen reizvoller macht. Und das ist absolut nicht genug", beschwert sich Frithjof Bergmann in einem unserer gemeinsamen Gespräche. Eine Idee dazu haben wir bereits bei unserer Workation auf Bali, bevor wir nach Australien fliegen. Deshalb kommen wir auch auf das Bild der Avocado als fruchtig-beerigen Vorschlag, um über New Work nachzudenken. Fast jeder kennt den Moment, wenn man die Avocado aufschneidet und die beiden Hälften auseinanderklappen. Sichtbar werden das quietschgrüne Fruchtfleisch und der runde, festen Kern – umhüllt von der dünnen Schale der Avocado.

Wenn der Fokus auf unseren Purpose und den Purpose der anderen gesetzt wird, kann die Bedeutsamkeit beim Arbeiten gesteigert werden, was wiederum zu besseren Entscheidungen und Handlungsweisen führt. **Sinn ermöglichen bedeutet also im ersten Schritt herauszufinden, was wir wirklich, wirklich wollen, um das im zweiten Schritt dann auch wirklich, wirklich zu tun.**

Was wir an Erfahrungen mitnehmen

Wir wissen nicht genau, ob es die Entfernung von daheim ist oder dieser ganz bestimmte Geist, den wir hier in Australien verspüren. Vielleicht ist es aber auch das Wissen darum, dass es ab jetzt Stück für Stück zurück nach Deutschland gehen wird. Wir fragen uns, wie wir unser Leben leben wollen: „Wie wollen wir in Zukunft arbeiten und worin besteht eigentlich unser Sinn beim Arbeiten?" Australien, als der am weitesten entfernte Punkt unserer Modern Work Tour, erscheint uns ganz richtig dafür, in die Vogelperspektive zu gehen. Manchmal muss man eben erst weit weg, um mit Abstand den Kern sehen zu können. Also: „Was haben wir und was fehlt uns? Womit wollen wir beginnen und wovon sollten wir uns schnellstmöglich verabschieden? Was wollen wir wirklich?"

Wir haben den Eindruck, dass wir besonders in unserer Welt nicht mehr darum herumkommen, eine persönliche Definition von einem guten und sinnvollen Leben zu entwickeln. Das kann uns helfen, eine Art „Leitplanke" zu haben, um sich einen Weg durch eine Welt zu bahnen, in der so viele verschiedene Lebensformen möglich und vorstellbar sind. In dieser beweglichen Unüberschaubarkeit fangen wir gerade erst an, neue Lebensentwürfe kennenzulernen und auszuprobieren. Flexibilität scheint uns dabei nicht nur für das Berufsleben, sondern auch für das Leben im Allgemeinen eine erstrebenswerte Fähigkeit zu sein. Natürlich hilft es, bei dieser Auseinandersetzung auf Reisen zu sein und ständig neue Ideen oder Einfälle zu entdecken. Es gibt so viele Möglichkeiten, unser Leben zu gestalten und auszuleben. Wir sollten uns einfach nur mehr Zeit nehmen, auch darüber nachzudenken. Für uns ist die Moderne Walz ein solcher Neuentwurf, um uns selbst einen Freiraum für unseren Sinn zu geben.

Dass es für eine Führungskraft nicht einfach ist, Mitarbeitenden solche Freiräume zu lassen, lag für Steven von *No Moss* auf der Hand. Deshalb hat er ein anderes Arbeits-Lebens-Modell für sich und seine Umgebung kreiert: „Working, struggling, finding a purpose – it is hard!", bringt er es auf den Punkt. Aber für sich hat er einen persönlichen Purpose gefunden: seinen ganz eigenen Sinn beim Arbeiten – das, was es für ihn lohnenswert macht, täglich aufzustehen und gern zur Arbeit zu gehen. Dieser Sinn lautet: „Make work more human!" – Arbeit menschlicher zu machen.

REFLEXION

FRAGEN ZUM PRINZIP: SINN ERMÖGLICHEN

- Welchen Sinn siehst du in deiner eigenen Arbeit?

- Welche Sinnermöglichung wünschst du dir für deine Zukunft und was ist dein wichtigster Schritt auf dem Weg dahin?

- Siehst du Möglichkeiten, andere Menschen in deinem Umfeld auf ihrem Weg des wirklich, wirklich Wollens zu begleiten?

- Vom wirklich, wirklich Wollen zum wirklich, wirklich Tun: Schreibe dir mindestens drei Punkte auf, die du angehen möchtest. Wie willst du diese Punkte umzusetzen?

- Was kannst du aus den aufgezeigten Beispielen in diesem Kapitel für deine eigene Arbeit ableiten?

Mensch im Mittelpunkt

Sarajevo

Bosnien-Herzegowina

Der Balkan ist der Auftakt unserer Modern Work Tour, weshalb wir uns hier Zeit lassen, um viele verschiedene Länder kennenzulernen. In Sarajevo sind wir von der Motivation der jungen Menschen vor Ort angeregt. In Albanien gefällt uns vor allem die Gastfreundschaft und das leckere Essen. Der Balkan ist auf jeden Fall eine Reise wert – sowohl zum Arbeiten als auch zum Entspannen.

Vlorë – Albanien

Sveti Stefan – Montenegro

Skopje – Mazedonien

Auch landschaftlich hat der Balkan viel zu bieten – und wir sind begeistert, als wir unsere „Flybee" erstmals fliegen lassen.

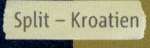

Split – Kroatien

Als wir Anfang Mai 2018 am Hamburger Hauptbahnhof in den Zug steigen und es uns mit den eingelösten Bahnbonuspunkten in der 1. Klasse im ICE nach München gemütlich machen, werden wir fast ein wenig nostalgisch: „Wie lange werden wir unterwegs sein? Wann sehen wir Familie und Freunde wieder? Wann kommen wir zurück nach Deutschland?" Wir haben uns bewusst kein fixes Enddatum für die Modern Work Tour gesetzt – zu sehr lockt die Freiheit. Zu groß ist der Reiz, einmal nicht zu wissen, wie lange wir unterwegs sind und wohin es uns verschlägt. Unsere KlientInnen und KundInnen wissen Bescheid, alle haben sich darauf eingelassen, in der nächsten Zeit komplett digital mit uns weiterzuarbeiten. Sie werden zu einer Art ReisegefährtInnen, denn auch sie nehmen an unserem Arbeitsabenteuer teil.

Unser Vorsatz, langsam in die Moderne Walz zu starten und nicht direkt mit einem Langstreckenflug ans andere Ende der Welt zu reisen, bedeutet für uns auch, zu schauen, welche spannenden Arbeitsumgebungen in Europa zu finden sind. Dabei zieht es uns gen Osten und wir lassen bewusst bekannte Hotspots wie London, Amsterdam oder Stockholm (vorerst) aus. Wir wollen in den Balkan! Denn wir haben bereits einiges darüber gehört: tolles Essen, freundliche Menschen, IT-Experten, die nach Westeuropa oder in die USA wollen.

Ab München geht es mit dem Flixbus CO_2-neutral weiter. Bis auf eine Zugfahrt durch das sommerliche Bulgarien werden wir alle Länder im Balkan mit dem Bus bereisen. Je weiter wir in den Osten gelangen, desto älter werden die (Flix-)Busse: Am Anfang geht es noch mit WLAN nach Slowenien, später von Mazedonien nach Bulgarien klappern und ruckeln die Sitze schon heftiger, während die Busfahrer ungerührt an ihren Zigaretten ziehen und beschwingt zum lautem Balkan-Pop mit den Köpfen wippen. Eine Busfahrt, die ist lustig; eine Busfahrt, die ist schön. Man lernt die Landschaft der jeweiligen Länder besser kennen. Oh ja, der Balkan kann hier ordentlich etwas bieten. Außerdem erlaubt das Busfahren uns, mit Zeit und Ruhe zu reisen. Wir haben keinen Stress und keinen Zeitdruck. Insgesamt werden wir gut zwei Monate durch den Osten Europas tippeln.

Im Balkan reisen wir nach Slowenien, Kroatien, Bosnien-Herzegowina, Montenegro, Albanien, Mazedonien und Bulgarien. Wir fühlen uns überall äußerst willkommen und werden sehr gastfreundlich empfangen. Egal, ob von dem Profiboxer in Podgorica, der unbekanntesten Hauptstadt Europas (Montenegro); beim Willkommens-Grappa mit der Airbnb-Vermieterin in Zagreb (Kroatien), während einer Fahrradtour durch das skurril-protzig gestalteten Skopje (Mazedonien) oder beim Public Viewing der Fussball-WM im wunderbar wuseligen Tirana (Albanien). Da sich unsere National-Elf nicht gerade mit Ruhm bekleckert, erfahren wir besonders in Albanien viel Schalk, aber auch Mitleid und Trost.

Vor der Abfahrt haben wir uns vorgenommen, unserer Neugierde nachzugehen und zu versuchen, den Menschen immer offen zu begegnen. Wir wollen unsere Schubladen im Kopf möglichst geschlossen halten. Und wenn wir sie doch mal öffnen, dann alle gleichzeitig, sodass es keine Pflicht der Zuordnung gibt. Wir lieben es, neue Menschen kennenzulernen. Das ist wohl einer der wichtigsten Gründe, warum wir Coaches und Berater beziehungsweise Beraterin geworden sind: Menschen ein Stück ihres Lebens bewusst zu begleiten, mit ihnen zu arbeiten und letztendlich immer auch gemeinsam zu wachsen.

Sarajevo in Bosnien-Herzegowina ist ein besonderer Höhepunkt der Modern Work Tour. Eine Stadt mit (Vor-)Geschichte. Eine Stadt, die noch häufig mit Bürgerkrieg und Leid in Verbindung gebracht wird: Von 1992 bis 1995 wird die Hauptstadt belagert, in 1425 Tagen verlieren über 10 000 Sarajlije (Einwohner Sarajevos) ihr Leben. Bis heute ist das Stadtbild von den damaligen Kampfhandlungen gezeichnet. Von der Dachterrasse unserer Airbnb können wir die einstige „Allee der Heckenschützen" sehen: Von dort aus wurde die Studentin Suada Dilberović als erstes Opfer des Krieges erschossen.

Aber deswegen sind wir nicht in Sarajevo. Wir wollen eigene Bilder zu dieser Stadt kreieren. Neue Erfahrungen in unseren Köpfen entstehen zu lassen und bestehende Narrative zu hinterfragen, wird uns auf unserer Reise gedanklich immer wieder begleiten. Besonders stark kreisen diese Gedanken an Orten, zu denen es starke kollektive Zuschreibungen gibt, wie beispielsweise China („Da ist doch alles gefälscht!"), Ruanda („Ihr wollt in das Genozidland?"), Nigeria („Fahrt da nicht hin, das ist viel zu gefährlich!") oder eben Bosnien-Herzegowina („Geht da nicht wandern, da liegen noch Landminen rum!"). Wir werden auf der gesamten Reise das Privileg, unsere eigenen Erfahrungen machen zu dürfen, schätzen lernen. Es ist ein Luxus, der unsere Sichtweisen für unser ganzes Leben prägen wird.

Die Stadt Sarajevo liegt in einem Kessel. Egal, wo wir stehen, sehen wir die kleinen Berge drumherum. Das beschert uns einerseits ein wohliges Gefühl. Andererseits wird uns klarer, wie schrecklich es damals während der Belagerung gewesen sein muss. Dabei verliert man manchmal aus dem Gedächtnis, dass Sarajevo eigentlich als Vielvölkerstadt gilt, wie die Sarajlije stolz berichten. Auch wir nehmen die Stadt so wahr – als einen Ort der multikulturellen, -nationalen und -religiösen Zusammengehörigkeit: Hier leben Menschen aller

In unserer Session mit Emina erfahren wir, was es heißt, sich auf „People-first-Entscheidungen" im Unternehmen zu fokussieren.

großen Weltreligionen friedlich miteinander zusammen. Ehen und Familien-zusammenschlüsse zwischen Serben, Kroaten, Muslimen, Juden, Christen … sind hier einfach so möglich. Es wird auch gemeinsam gearbeitet, denn Firmenbelegschaften oder Geschäftsführungen können ebenfalls gemischt sein. „Bunt ist toll!", stellen wir mal wieder fest und freuen uns, in den kommenden Tagen und Wochen diesen besonderen Geist der Stadt besser kennenzulernen.

Den Wunsch der Sarajlije, an einem so geschichtsträchtigen Ort nun auch die Gegenwart zu leben, spüren wir vor allem bei unserem Besuch im Co-Working-Space Hub387. Dort treffen wir Semir, den Co-Founder von *Habeetat* und Belma von *Bookvar*. Wir erfahren, dass sie sich bewusst dazu entschieden haben, in der Stadt zu bleiben und Sarajevo zu einem Zukunftsort zu machen. Sie berichten, dass viele, die zum Studieren ins Ausland gegangen oder geflohen sind, nun zurückkehren. Sie alle wollen vor Ort einen Unterschied machen und positiven Einfluss auf das Leben und das Arbeiten in der Heimat nehmen. Häufig stehen die Gemeinschaft und die Menschen dabei im Fokus ihrer Entscheidungen, was wir als ein Prinzip von Moderner Arbeit verstehen.

Meet *Symphony* – Bosnien-Herzegowina

Die Session, die bei uns am meisten Eindruck hinterlässt, findet mit und bei *Symphony* statt. *Symphony* ist ein Unternehmen, das 2007 in Sarajevo von Haris Memic und Muamer Cisija gegründet wurde und sich darauf spezialisiert hat, seinen KundInnen bei technischen Herausforderungen rund um ihr Business Unterstützung anzubieten. Das Konzept scheint zu funktionieren: In den vergangenen Jahren ist *Symphony* enorm gewachsen und hat inzwischen „Consulting Offices" und „Engineering Hubs" in elf Städten eröffnet.

Das Unternehmen bezeichnet sich selbst als eine „partnership-powered, culture-driven und knowledge-sharing company", was ohne die Menschen bei *Symphony* nicht denkbar wäre, wie uns Emina, Head of People Operations, erklärt. „Wir wollen, dass die Menschen tatsächlich im Mittelpunkt stehen", sagt Emina weiter. Dann berichtet sie davon, wie aufwendig das Recruiting erfolgt. Den Menschen bei Unternehmensentscheidungen in den Fokus rücken zu lassen, vereint sich gut mit dem Ansatz, Menschen sinnstiftende Arbeit zu ermöglichen. Deshalb werden wir neugierig. Denn trotz des starken Wachstums fokussiert sich das Unternehmen darauf, den Spirit und auch die Effizienz eines kleinen Teams zu bewahren. Damit hauchen sie dem Mission Statement von *Symphony*, „We focus on people", Leben ein. Und haben es nicht nur als schöne Visualisierung an der Wand ihres futuristischen Büros in Sarajevo hängen.

> Ein **MISSION STATEMENT** beschreibt, wie ein Unternehmen sein Ziel, seine Vision erreichen will. Das Mission Statement von Google lautet beispielsweise: „To organize the world's information and make it universally accessible and useful."

„Was bedeutet das nun genau, sich auf Menschen zu fokussieren?", fragen wir nach. „Es geht darum, die Menschen im Unternehmen und ihre Erfahrungen, Wünsche oder Bedenken mit einzubinden und als Grundlage gemeinsamer Entscheidungen zu nutzen", sagt Emina. Konkret bedeutet das, dass bei *Symphony* gerade bei großen Entscheidungen nicht – wie wir es häufig aus Deutschland kennen – das Management hinter verschlossenen Türen die Zukunft des Unternehmens beschließt. Stattdessen wird viel Wert auf die Meinungen und Einschätzungen der Mitarbeitenden gelegt.

Die wohl bisher größte Entscheidung ist noch gar nicht lange her, erfahren wir. Das Team in Sarajevo zeichnete sich immer durch die kurzen Entscheidungswege sowie eine Arbeitskultur des Miteinanders aus: „Jeder kennt jeden vor Ort. Jeder weiß, wer wofür angesprochen werden kann. Das ist ein großer Wissensvorteil", erklärt Emina. Doch mit dem starken Wachstum wurde es zunehmend schwerer, die gemeinsame und liebgewonnene Arbeitskultur der kurzen Wege, des persönlichen Umgangs und der Übersichtlichkeit zu halten. Das löste Unzufriedenheit bei den Mitarbeitenden aus. Einige dachten sogar ernsthaft darüber nach, das Unternehmen zu verlassen. In einer Diskussion waren sie sich allerdings in einem Punkt einig: Wachstum von *Symphony* für neue, spannende Projekte ist gut, jedoch sollten dafür nicht die sehr gut funktionierenden Arbeitsweisen vernachlässigt werden. Die Reduktion von unnötiger Bürokratie (in Bosnien-Herzegowina ist das, wie wir hören, kein einfaches Unterfangen) sowie die starke Entscheidungsfähigkeit im Arbeitsalltag zeichnete das Team aus und sollte auch weiterhin sichergestellt werden. Diese Erkenntnis präsentierte das Team dem Management, worauf eine ebenso ungewöhnliche wie geniale Entscheidung getroffen wurde: **Das Team am Standort Sarajevo soll nicht über 80 Personen wachsen. Ist diese Deckelung erreicht, soll ein neues Office an einem neuen Standort (in einer anderen Stadt, einem anderen Land) aufgebaut werden.** Wir sitzen mit offenen Mündern da und fragen nach, ob wir das richtig verstanden haben: „Damit ihr weiterhin so gut miteinander arbeiten und euer erfolgreiches Vorgehen bewahren könnt, habt ihr vor Ort eine Deckelung bei 80 Personen vorgenommen und baut in irgendeiner anderen Stadt ein ganz neues Office aus dem Nichts auf?" – „Genau!", antwortet Emina.

Weiter erfahren wir in dem Gespräch, dass der Fokus auf die eigenen Mitarbeitenden *Symphony* zu immer neuen Entscheidungen anregt, die intern gut ankommen. So gibt es beispielsweise das sogenannte „Fun Committee": Diese Gruppe unterstützt das ganze Unternehmens dabei, Freude und Zufriedenheit beim Arbeiten zu stärken. Das passiert beispielsweise mithilfe von After-Work-Veranstaltungen oder durch die gemeinsame Reflexion des Status quo. Dabei achtet man besonders darauf, dass die Mitarbeitenden eine Balance zwischen Arbeit und Freizeit verspüren und aktiv gestalten können. Weiterbildung wird genauso gefördert wie Wellness, Meditation oder Sportangebote.

„Der Fokus liegt auf den Mitarbeitenden", wiederholt Emina erneut. Sie ist sichtlich stolz auf diese Philosophie. Ihre Schlussfolgerung lautet: „Wenn unsere Mitarbeitenden ein zufriedenes und ausgeglichenes Leben führen, passiert alles freiwillig und gewollt, nicht willkürlich und gezwungenermaßen. Auf diese Weise können wir persönlich und professionell wachsen und uns entwickeln, so wie es uns wünschen und wie es zu der eigenen Lebenssituation gerade passt."

Wir sehen uns darin bestätigt, dass es unzureichend ist, nur tolle Slogans oder Mission Statements zu entwickeln. Dadurch werden die Mitarbeitenden nicht motiviert und sie richten ihre Arbeit auch nicht nach den Werten in diesen Slogans oder Mission Statements aus. Dafür braucht es eine konkrete Fokussierung auf die Aspekte, die den Mitarbeitenden tatsächlich wichtig sind und ihnen einen Mehrwert bringen. Es führt also kein Weg daran vorbei, in ein Gespräch um den gemeinsamen „Bezugspunkt", wie Frederic Laloux es nennt, zu gehen. Wenn das dann auch einen Mehrwert für das Unternehmen bringt, ist das großartig, aber eben erst im zweiten Schritt.

Frithjof Bergmann schreibt dazu, dass es darum geht, Mitarbeitende bei ihrer eigenen Sinnsuche zu unterstützen. Das ist ein nobler Ansatz, der jedoch nur dann funktioniert, wenn Mitarbeitende hierfür auch Zeit und Raum erhalten. Bei *Symphony* scheint das gut zu funktionieren. Hier können Mitarbeitende kundtun, wenn ihnen die Entwicklung des Unternehmens in Bezug auf die Arbeitsweisen nicht gefällt. Gemeinsam wird dann versucht, eine neue Variante des Umgangs zu entwickeln.

Modern-Work-Prinzip: *Mensch im Mittelpunkt*

Der weltbekannte Unternehmer Richard Branson betont stets, dass die MitarbeiterInnen an erster Stelle stehen, gefolgt von KundInnen und dann erst den StakeholderInnen. Wer einmal *Shark Tank*, das amerikanische Äquivalent zur *Höhle der Löwen*, gesehen hat, weiß, welche magische Anziehungskraft Branson dadurch auf UnternehmerInnen und GründerInnen hat.

Menschen im Unternehmen in den Mittelpunkt zu stellen, ist allerdings auch mit weitreichenden Konsequenzen verknüpft, wenn das Prinzip ernst genommen wird: Es entstehen **People-first-Entscheidungen,** die das konsequente Bemühen beschreiben, Mitarbeitenden eine positive, bestärkende Arbeitserfahrung zu ermöglichen. Ziel ist es, dass die Mitarbeitenden Kraft und Motivation aus ihrer Arbeit beziehen und nicht nur auf das Wochenende oder den Urlaub hinfiebern, weil sie die freie Zeit dringend zur Erholung brauchen. Das bedeutet nicht, dass Moderne Arbeit immer Spaß bringen muss oder, wie Frithjof Bergmann es formuliert, „New Work im Minirock" ist. Schließlich wäre es auch für *Symphony* leichter gewesen, sich keine Gedanken um die Deckelung der Anzahl der Mitarbeitenden und die Errichtung neuer Standorte zu machen. People-first-Entscheidungen fordern dazu auf, gängige Managementpraktiken zu hinterfragen und den Mitarbeitenden auch zuzuhören.

Dafür ist es grundlegend wichtig, gemeinsam zu schauen, wie die Arbeit weiterentwickelt werden kann, und zwar so, dass sie besser, einfacher oder leichter wird. Auf diese Weise werden Menschen zu aktiven MitgestalterInnen. Dazu müssen sie sich aber auch mit ihrer Arbeitsweise, den bestehenden Herausforderungen und dem aktuellen Status quo auseinandersetzen.

Wenn Menschen zu Gestaltern werden, gibt es einen intrinsisch motivierten Sinn, den eigenen Arbeitskontext weiterzuentwickeln, Unstimmig-

Für den anstehenden Veränderungsprozess machen wir bei der DIHA ein Teambuilding.

keiten zu klären und bessere Wege der Zusammenarbeit zu finden. So kann eine Arbeitsumgebung geschaffen werden, in der man sich gerne aufhält und zufriedener Zeit verbringt. Zudem kann man sich gleichzeitig auch als bedeutsamen Teil des Unternehmens sehen.

„Wir wollen, dass alle KollegInnen mitdenken", heißt es bei *Symphony* in Sarajevo. **Zum aktiven Mitdenken sind die Mitarbeitenden bereit, wenn gute Ideen wahrgenommen und auch umgesetzt werden.** Denn wer bemüht sich schon, über die eigenen To-dos hinauszudenken, wenn es keinen spürbaren Effekt, keine Anerkennung gibt? Genau, keiner! Das heißt im Umkehrschluss: Wenn Unternehmen mehr Engagement von ihren Mitarbeitenden wollen, dann müssen sie diese „Extra-Meile" auch auf sich nehmen. Führungskräfte und Management müssen zum einen zuhören und zum anderen konkrete Entscheidungen und Handlungen aus sinnvollen Verbesserungsvorschlägen der Mitarbeitenden ableiten.

Menschen wieder in den Mittelpunkt zu stellen, bedeutet weiterführend, dass dieses Prinzip konkret und konsequent gelebt werden muss: Mitarbeitende suchen keine Ambivalenz – sie wollen die Sicherheit spüren, sich entfalten zu dürfen; sie wollen sich darauf verlassen, dass sie ihren Chefs mit neuen Ideen begegnen können.

Mitarbeitende wollen spüren, dass sie beim Überdenken und Verbessern des Status quo Rückenwind erhalten. Hilfreich kann es sein, auch hier die Sinnfrage aus dem ersten Modern-Work-Prinzip zu stellen: „Warum kommen Mitarbeitende mit Ideen auf einen zu?" Auf der Modernen Walz haben wir immer wieder festgestellt, dass die Menschen erst über ihren Schatten springen müssen, um sich mit einer Idee zu zeigen. Deshalb brauchen sie im

In Tirana geben wir einen Workshop zu „Modern Leadership" im stadtbekannten 5-Sterne-Hotel Rogner.

nächsten Schritt Anerkennung, wenn schon nicht für den Inhalt, dann zumindest für den Impuls, für das Mitdenken.

Anerkennung kann man auch zeigen, wenn inhaltliche Zweifel und Einwände im Hinblick auf einen Impuls oder eine Idee bestehen. Sich die Idee erst einmal anzuhören und darin das Potenzial zu suchen, ist der erste Schritt von Anerkennung. Erst danach kann eine inhaltliche Auseinandersetzung beginnen. Auf diese Weise erleben Mitarbeitende – und das ist der große Unterschied zum gewohnten Vorgehen –, dass ihr Mitdenken und ihr Engagement geschätzt werden. **Wenn Menschen sich in ihrer Bemühung wertgeschätzt fühlen, sind sie viel offener für eine inhaltliche Auseinandersetzung mit ihren Ideen,** da sie als Person selbst nicht infrage gestellt werden. Vorsicht, dieser kleine Unterschied im Führungsverhalten kann gravierende Folgen für den Umgang miteinander haben! Und genau das zeichnet Moderne Arbeit aus.

Auf unserer Modernen Walz erleben wir das Prinzip „Mensch im Mittelpunkt" immer wieder – glücklicherweise auch in für uns unerwarteten Momenten. So fehlt uns beispielsweise das Kleingeld, um uns frische Backwaren für die Busfahrt von Albanien nach Mazedonien zu kaufen. Wir wollen schon gehen, da steckt die Bäckersfrau ihren Kopf aus der Backstube und fordert uns auf, uns nach Gutdünken etwas auszusuchen. Das restliche Geld sollen wir bloß für die Fahrt aufheben – die Backwaren gehen heute aufs Haus. Es ist eine Geste, die Wunder bewirkt. Wir fühlen Freude und Glück, Demut und große Wertschätzung. Nicht das Geld macht in dieser Situation den Unterschied, sondern Essen für unsere anstehende Reise zu haben. Dankbar und mit einem großen Lächeln auf den Lippen verlassen wir die Bäckerei. Immer wieder erleben wir, welche wunderschönen Entwicklungen sich ergeben, wenn nicht der Umsatz, sondern der Mensch selbst in den Mittelpunkt rückt.

Auf unserem zehntägigen Roadtrip durch Albanien zahlen wir tatsächlich nur für eine einzige Nacht für unsere Unterkunft. Die restlichen Unterkünfte erhalten wir im Tauschhandel beziehungsweise durch einen Barterdeal.

Während des Aufenthalts in den teilweise traumhaften Unterkünften erstellen wir mit unserer Reisedrohne *Flybee* Fotos und Videos, die dann von den Vermietenden für die Website genutzt werden können. Das funktioniert natürlich nicht immer und ausschließlich, aber wenn man zuhört und das Potenzial in der Idee sucht, ergeben sich in der Regel mehr Möglichkeiten, mehr Übereinkommen, als man vorher erahnen mag.

Auch im Arbeitskontext gibt es solche Möglichkeiten, wenn es beispielsweise um das Engagement zwischen verschiedenen Abteilungen geht. In Tirana tauschen wir mit der *Deutschen Industrie- und Handelsvereinigung Albanien* (DIHA) gleich mehrmals. Ziel ist es, Mitgliedsunternehmen einen Workshop rund um Modernes Arbeiten und Führung zu ermöglichen. Wie meistens bei spontanen Veranstaltungen, ist kein Geld für eine angemessene Räumlichkeit oder den Trainer vorhanden. Trotzdem sind wir gewillt, diese Herausforderung zu meistern. Gemeinsam entwickeln wir folgende Idee: Durch die DIHA wird der Kontakt zum 5-Sterne-Hotel Rogner in Tirana geschaffen. Wir bieten dem Hotel ein dreistündiges Führungskräfte-Training, wenn wir dafür einen Konferenzraum für die Abendveranstaltung mit der DIHA erhalten. Zum Erstaunen aller klappt das. Von der DIHA bekommen wir anstelle eines Honorars eine Airbnb-Unterkunft für mehrere Tage im Stadtzentrum und geben einen dreistündigen Workshop für das DIHA-Team. Da es im kommenden Monat einen Führungswechsel geben wird, kommen wir ihnen sehr gelegen.

BARTERDEAL ist Englisch und bezeichnet einen klassischen Tauschhandel. Anstelle von Geld als Gegenleistung werden Waren oder Dienstleistungen gegen andere Waren oder Dienstleistungen getauscht. Die Verständigung, was miteinander getauscht wird, erfolgt gemeinsam. Es kommt nur zu einem Deal, wenn beide Seiten zufrieden mit den möglichen Tauschoptionen sind.

Am Ende klappt dieser etwas kühne Plan deswegen, weil wir den gemeinsamen Bezugspunkt und Sinn darin sehen, den Menschen vor Ort Impulse für Moderne Arbeit zu geben und dieses Ziel in den Mittelpunkt unserer Bemühungen stellen.

Was wir an Erfahrungen mitnehmen

Auf der Modern Work Tour wird die Erfahrung mit der DIHA sinnbildlich dafür werden, was wir zusammen erreichen können, wenn gemeinsam um die Ecke gedacht wird und das WARUM hinter dem Ansatz klar ist. Ähnlich verhält es sich bei *Symphony* in Sarajevo: Hinhören und bewusst die Stimmung im Unternehmen wahrnehmen und aufgreifen, führt zu Ergebnissen und Entscheidungen, die es sonst nicht gegeben hätte.

Den Menschen in den Mittelpunkt zu stellen und großartige Ideen zu ermöglichen, bedeutet, einen konstruktiven Umgang mit Unsicherheiten und Missverständnissen zu finden. Denn nicht alle Ideen und Einfälle sind uns im ersten Schritt zugänglich und nachvollziehbar. Auf der Modern Work Tour lernen wir für Zuhause, noch bewusster „JA" zu Menschen zu sagen, die mit einer Idee an uns herantreten. Im Alltag verpassen wir häufig die Möglichkeit, Menschen bei ihrer Sinnsuche zu begleiten. Ganz anders sieht es auf Reisen aus: Hier stellen wir uns zwangsläufig die Frage, wie wir anderen Menschen begegnen wollen, da wir es ja sind, die irgendwo neu hinzukommen. Deshalb wird das Prinzip, Menschen in den Mittelpunkt zu stellen, auch zu unserem eigenen Fokus für die Moderne Walz. Damit ist nicht nur gemeint, wie wir uns in einer neuen Umgebung anpassen, sondern es geht auch darum, die Aufmerksamkeit auf unsere eigenen Bedürfnisse zu legen. Es gilt, darauf zu achten, was uns guttut, was uns Kraft gibt, was uns stärkt. Immer wieder stellen wir fest, dass wir nachjustieren müssen. Zu viele Möglichkeiten, zu viele unerledigte Aufgaben. Das Ziel kann nie sein, alles zu schaffen und allen immer seine Zeit zu schenken. Vielmehr geht es darum, eine gute Balance mit sich und seiner eigenen Lebens- und Arbeitswelt zu finden. Bei *Symphony* war es die Erkenntnis, das Wachstum des Unternehmens nicht zu stoppen und dennoch eine zufriedenstellende Arbeitsumgebung für die Mitarbeitenden zu schaffen.

Wir glauben, dass Arbeit in vielen Bereichen den Fokus auf den Menschen verloren hat. Viele Unternehmen werden als gut geölte Maschinen verstanden, in denen Struktur und Abhängigkeiten überwiegen. Menschen verrichten darin lediglich Arbeit, die sie tun müssen, aber nicht unbedingt wollen. Wir fragen uns: „Geht das denn auch anders? Können wir uns aus dieser Zwangslage befreien?" Von Cliff, einem britischen Aussteiger, auf dessen Trinity Rocks Farm wir in Bulgarien – unserer letzten Station im Balkan – unterkommen, erhalten wir folgende Antwort: „Die Zufriedenheit sollte stets über der Bereicherung stehen. Natürlich müssen wir am Ende des Tages auch von unserer

Tätigkeit leben können, trotzdem brauchen wir dem allgegenwärtigen ‚Immer schneller, immer größer, immer weiter!' nicht zu entsprechen."

Doch wie wollen wir denn den Fokus wieder auf den Menschen und nicht auf Maximierung legen? Im Unternehmenskontext kann das klappen, wenn wir im Miteinander wieder als Menschen wahrgenommen und nicht als eingeplante Ressource oder als reines Mittel zum Zweck gesehen werden. Wenn wir achtsamer im Miteinander werden, rücken wir als Menschen näher zusammen. Das Großartige dabei ist, dass wir es alle selbst in der Hand haben. So entsteht das Potenzial, Arbeit neu zu denken.

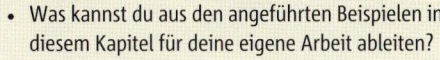

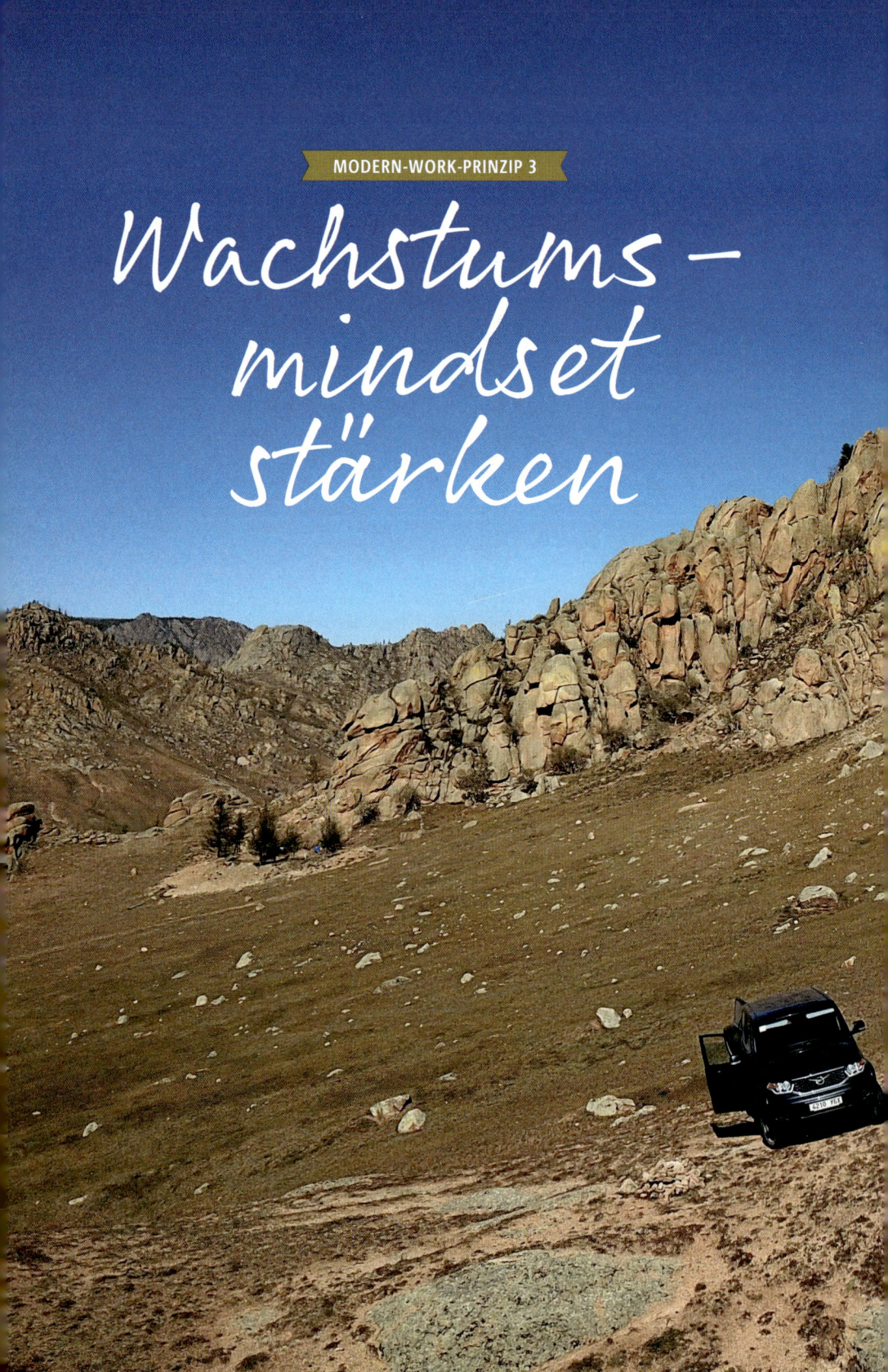

Wachstums – mindset stärken

Wüste Gobi

Die Mongolei ist ein Highlight unserer Modern Work Tour: Wir treffen unglaublich inspirierende Menschen, landen im mongolischen Fernsehen und sind von der atemberaubenden Schönheit des Landes begeistert.

Mongolei

Astana ist die neue Hauptstadt von Kasachstan, die mit prachtvollen Bauten und viel Prunk daherkommt.

Astana

Sowohl in Kasachstan als auch in Kirgistan machen wir Roadtrips, um nicht nur die Städte, sondern auch das Land selbst besser kennenzulernen.

Kasachstan

Kirgistan

A ls wir an einem heißen und sonnigen Tag am Rande der Wüste Gobi mit unserem russischen UAZ Patriot auf einen ausgetrockneten See fahren, möchten wir das beeindruckende Panorama dafür nutzen, ein „Wow"-Foto mit unserer Drohne zu machen. „Das sieht schön trocken aus", sagt Nils. Anna fragt noch: „Bist du dir sicher?" Letztendlich aber zu spät, denn wir stecken bereits fest. Irgendwo im Nirgendwo in der wunderschönen mongolischen Einsamkeit. Wir haben seit Tagen keine Menschen mehr gesprochen, und uns wird klar, dass wir auf uns allein gestellt sind. Der Boden ist unter der ausgedörrten Oberfläche ganz und gar nicht trocken, sondern fühlt sich eher matschig-klebrig an. Nils versucht, den Wagen sanft zu wenden. Doch er wird langsamer und langsamer, bis er endgültig stehen bleibt. Nichts geht mehr. Wir haben uns festgefahren!

Was macht man, wenn man irgendwo im Nirgendwo feststeckt? Richtig – Gedankenspiele über Worst-Case-Szenarien möglichst vermeiden und sich auf das Wesentliche vor Ort konzentrieren. Gar nicht so einfach in einer solchen Situation. „Was machen wir jetzt?", denken wir uns, ohne die Frage tatsächlich auszusprechen. Improvisieren und alles darauf setzen, dass wir eine Lösung finden, ist die einzige Option. Wir sammeln kleine Äste (denn Bäume gibt es hier unten in der Gobi natürlich nicht) und Gestrüpp ohne große Dornen. Damit legen wir fein säuberlich die Strecke aus, auf der wir den Wagen wieder vom See runterbringen wollen. Der Versuch, den Wagen zu bewegen, scheitert kläglich. Er versinkt noch mehr im schlammigen Boden. „Nicht gut!", denken wir und schauen uns kurz ratlos an. Uns bleibt nichts anderes übrig, wir müssen weiterdenken. Wir haben Glück und finden alte ramponierte Holzleisten im Gestrüpp. Wir schaufeln die Räder mit dem Klappspaten frei und legen die Leisten dann vor die vier Räder. Eine mühselige Arbeit. Unsere Wasservorräte haben wir gecheckt und wissen nun, dass wir hier nicht zu viele Tage durchhalten werden: Der Wagen muss raus! Nur wie? Und wer sollte schon kommen, um uns zu helfen? Empfang – Fehlanzeige!

Die Mongolei ist eins der am wenigsten besiedelten Länder der Erde. Genau das hat es für uns so reizvoll gemacht, hier einen Roadtrip auf eigene Faust zu wagen. Doch plötzlich fühlt sich die Einsamkeit gar nicht mehr so reizvoll an. Wir stellen fest, dass die Freiheit nur dann reizvoll ist, wenn sie freiwillig bleibt.

Ganz anders ist es dagegen in Christopher McCandless' Fall: Dessen Geschichte endet tödlich, da er es aus tragischen Gründen nicht wieder zurück in die Zivilisation schafft, was eindrucksvoll verstörend in dem Film *Into the Wild* erzählt wird. „Gib Gas! – Stopp! – Weiter! – Gas!" Mit viel Konzentration und Beharrlichkeit schaffen wir es beim dritten Anlauf, den Wagen endlich wieder auf trockenen Boden zu bringen. Was für eine Erleichterung! Euphorie, aber auch völlige Erschöpfung breiten sich aus. Was wäre wohl gewesen, wenn es nicht funktioniert hätte? Egal, es ist mühselig, jetzt darüber nachzudenken. Es hat ja geklappt! Dass wir eine Menge aus dem Vorfall gelernt haben, dämmert uns erst, als wir am Abend vor unserem Zelt sitzen und ein Gläschen Wein mit dem Blick auf die Sanddünen der Wüste Gobi genießen. Uns wird bewusst, dass wir heute mehr Glück als Verstand hatten.

Dreharbeiten für den Werbespot von Sixt Mongolia.

Die Mongolei wird auf der Modern Work Tour das Land, das uns mit am stärksten herausfordern wird. Aber es ist auch das Land, in dem wir sehr viel über uns als Paar, Geschäftspartner und Reisende lernen. Auf unserem Roadtrip erleben wir fast alle Wetterlagen: von frühlingshaften Regenschauern, heißer Trockenheit bis zum Schneesturm bei einem Temperaturabfall von über 30 Grad Celsius über Nacht. Zudem hält die Mongolei viele weitere Überraschungen für uns parat. Beispielsweise haben wir einen platten Reifen an einem Steilhang und schaffen es zum Glück, ihn auszutauschen. Wir überstehen eine Fahrt durch ein ausgetrocknetes, steiniges Flussbett, das uns als einzige Straße bei GoogleMaps angezeigt wird und schon im Sommer eigentlich unbefahrbar ist. Für wenige Kilometer brauchen wir unzählige Stunden und bewegen uns im Schneckentempo über sehr große und viele kleine Steine bergab. Etliche Dinge klappen gut und mit der Zeit immer besser, einige weniger. Manchmal haben wir einfach Glück – auch das gehört dazu, wenn man sich auf ein Abenteuer einlässt. Belohnt werden wir mit einer berauschenden Landschaft, die uns den Atmen im 20-Minuten-Takt immer wieder aufs Neue raubt.

Gegen Ende unseres Roadtrips werden wir von einem plötzlichen Schneesturm überrascht. Obwohl wir die halbe Nacht durchfahren müssen, kommen wir beseelt wie selten zuvor von unserem Roadtrip zurück in die Hauptstadt Ulaanbaatar, die Stadt mit den vielen As im Namen. In einem Barterdeal mit Sixt Mongolia haben wir den UAZ Patriot, ein Heimplanet-Zelt und Ausrüstung für zwölf Tage deutlich günstiger erhalten. Dafür machen wir Drohnenaufnahmen und wirken bei einem kurzen Werbespot für Sixt Mongolia mit. Wir freuen uns, dass die Idee mit den Barterdeals Anklang findet und dadurch so interessante Partnerschaften und Kooperationen zustande kommen. Thinking outside the box again – check!

Die Mongolei stellt für uns auf der Modernen Walz das Land dar, das wir auf alle Fälle besuchen wollten. Bis hierhin wollten wir auf jeden Fall kommen. Danach wird es nach China gehen. In der Mongolei spüren wir nicht nur Freiheit, sondern vor allem Natur. Es tut so gut, unendliche Weiten wunder-

voller Natur um sich herum zu haben und inmitten von ihr aufzuwachen, den Tag zu erleben und die Sonne am Abend untergehen zu sehen. Hier nehmen wir uns die Zeit für die kleinen, schönen Dinge im Alltag.

Wir befinden uns im Herkunftsland des großen und berühmten Eroberers Dschingis Khan. Das vergisst man in der Hauptstadt auch nicht, denn in fast jedem Gespräch wird kurz und stolz auf ihn hingewiesen. Überhaupt nehmen wir Mongolen als sehr stolze und auch sehr freundliche Menschen wahr, die uns hilfsbereit begegnen. Batu zum Beispiel, ein junger Mongole, hilft uns

Wenn aus Zufall Freundschaft entsteht.

bei der Ankunft, unsere Airbnb-Unterkunft zu finden. Wir hätten so verloren gewirkt, erzählt er uns später bei einem gemeinsamen Abendessen. Deshalb musste er uns einfach ansprechen. Von ihm erhalten wir auch einen Kontakt, wie wir ohnehin in der Mongolei durch Weiterempfehlung einige tolle Sessions erleben.

Ulaanbaatar wirkt auf uns wie ein Dorf, in dem man sich eben kennt, obwohl mehr als ein Drittel der Einwohner des Landes hier lebt. Wahrscheinlich ist es auch die einzige Hauptstadt, in der Hunderte Jurten stehen, die für diese Gegend so typischen Zelte, was besonders reizend beim Anflug aussieht.

Wir haben in Ulaanbaatar jede Menge Arbeitstreffen, womit wir anfangs überhaupt nicht gerechnet haben. Hinzu kommt, dass wir viele Sessions unterschiedlichster Art erleben und anbieten können. Diesbezüglich ist die Mongolei auf der Modern Work Tour ein absolutes Highlight.

Über den Deutsch-Mongolischen Unternehmensverband (DMUV) werden wir zum Sommerfest der Deutschen Botschaft in der Mongolei eingeladen. Hier lernen wir den Botschafter Stefan Duppel kennen. Das Top-Management-Coaching für eine Geschäftsführerin, das wir vor Ort beginnen,

Interview über Modernes Arbeiten bei MNB World, dem ersten internationalen Fernsehsender der Mongolei.

wird anschließend remote weitergeführt. Für den ersten internationalen Fernsehsender der Mongolei, MNB World, geben wir ein Training für das gesamte Team zum Thema „Modernes Arbeiten und Wirksamkeit erhöhen". Wenige Tage später sitzen wir selbst als Interviewgäste im mongolischen Fernsehen und sprechen über unsere Modern Work Tour, Modernes Arbeiten und unsere Einschätzung zur Mongolei. Das sind neue Erfahrungen, die uns einerseits erfreuen und andererseits herausfordern, da wir bis zu dem Zeitpunkt noch kein Fernsehinterview auf Englisch gegeben haben. Mit allen Erfahrungen wachsen wir ein Stück über uns hinaus und empfinden Stolz darüber, dass unsere Bemühungen Früchte tragen. Wie so häufig auf unserer Reise kneifen wir uns manchmal und staunen, dass das alles tatsächlich gerade passiert.

Ein anderer Höhepunkt ist ein weiterer Barterdeal mit einer noch sehr jungen mongolischen Geschäftsführerin eines 5-Sterne-Hotels. Da sie erst seit Kurzem diese Position bekleidet, ist sie auf der Suche nach Unterstützung, um sich mit ihrem Führungsverhalten auseinanderzusetzen. Da kommen wir wie gerufen für sie und einigen uns, ihr ein „Tandem Power Coaching" zu geben. Im Gegenzug erhalten wir für unsere restliche Aufenthaltsdauer eine Suite in ihrem Hotel.

Das **TANDEM POWER COACHING** ist ein Coaching-format, in dem durch zwei Coaches der doppelte Fokus auf der zu coachenden Person oder Gruppe liegt. Es handelt sich um einen intensiven Beratungs- und Entwicklungsprozess.

Die Suite im 5-Sterne-Hotel stellt einen krassen Kontrast zu unserem Roadtrip dar, bei dem wir im Zelt geschlafen haben. Sie entspricht auch nicht unserem regulären Budget, weshalb wir den Luxus fast als surreal empfinden und dennoch sehr genießen.

Meet Khulan von *L'hamour* – Mongolei

Ganz besonders beeindruckt sind wir von Khulan Davaadorj, der Gründerin von *L'hamour*. Wir treffen sie in den Büro- und Produktionsräumen ihrer Firma im Zentrum von Ulaanbaatar. Ihr guter Ruf eilt ihr schon voraus, denn ihren Kontakt haben wir bereits in Deutschland von Fridel erhalten. Das merken wir aber auch vor Ort: Da wir den Firmensitz nicht sofort finden, fragen wir zwei ältere Männer auf der Straße nach Khulan und *L'hamour*. Sie können uns zwar nicht mit dem Weg helfen, wissen aber, wer Khulan ist: das Mädchen mit den Cremes und dem Lippenbalsam, wie sie uns mit Händen und Füßen begreifbar machen. Und das stimmt. Denn Khulan ist die Geschäftsführerin des ersten mongolischen Unternehmens für natürliche Hautpflege.

Irgendwann finden wir den Firmensitz von *L'hamour* doch und werden von Kuhlan mit einem umwerfenden Lächeln empfangen. Zu unserem Erstaunen begrüßt sie uns mit „Willkommen in der Mongolei!" – in akzentfreiem Deutsch.

Khulan zeigt uns erst die Firmenzentrale, bevor sie uns im anschließenden Interview ihre Geschichte erzählt. Dass sie eine beeindruckende Frau ist, stellen wir sehr schnell fest. Dabei hatte alles mit einem persönlichen Problem begonnen, als sie von ihrem Auslandsstudium in Deutsch-

Inspiriert von Vorzeige-Gründerin Khulan.

land nach Ulaanbaatar zurückkehrte. Wie so viele Menschen in ihrer Heimatstadt, die im Winter als eine der luftverschmutztesten Städte der Welt gilt, leidet auch Khulan unter starken Hautproblemen. Zunehmend verzweifelt, sucht sie nach Mitteln gegen ihren juckenden Ausschlag, findet aber nur Chemiecocktails mit vielen dubiosen Inhaltsstoffen: „Das hat mich richtig empört, besonders weil die Mongolei über eine Fülle reichhaltiger Naturrohstoffe verfügt. Rohstoffe wie Sanddorn, wilder Thymian oder Bienenwachs werden hier nur sehr wenig genutzt – schon gar nicht für Kosmetik."

Als pragmatischer Mensch beschließt Khulan, ihr Problem selbst zu lösen und eigenständig Naturkosmetik zu entwickeln. Neben ihrem normalen Tagesjob tüftelt sie nachts und an den Wochenenden in ihrer Küche. Dabei merkt sie, dass sie mehr Wissen braucht, um besser voranzukommen. Im Interview sagt sie: „Nutze deine Stunden geschickt und arbeite effektiv!" Genau das beherzigt sie. Sie liest sich viel an, entwickelt ihre ersten Produkte stets weiter und tauscht sich rege mit anderen aus. Zudem geht sie noch einmal für ein Studium ins Ausland – dieses Mal in die USA. Auf dieser Grundlage baut sie ihr Unternehmen *L'hamour* aus eigener Kraft auf. Wie so häufig bei GründerInnen gibt es viele Stolpersteine auf dem Weg. Doch Khulan lässt sich auch in schwierigen Momenten nicht beirren: „Ja, ich habe viele Rückschläge erlebt", sagt sie und ergänzt sofort: „Mit der Zeit habe ich allerdings gelernt, besser und schneller mit ihnen umzugehen." Als ihr das Notebook mit allen Rezepturen geklaut wird, zwingt sie das fast in die Knie. Aber sie setzt sich hin und schreibt alles erneut auf. Von ihrer Idee ist sie fest überzeugt und mit der Unterstützung ihrer Familie gelingt es ihr, weiterzumachen. „Natürlich gibt es viele Herausforderungen und Fehler, die man dabei macht. Aber wenn du eine klare Vorstellung von deinem Ziel, also eine Vision, hast, dann kannst du über dich hinauswachsen", erinnert sie sich. Damit ist Khulan für uns eine Vorzeigegründerin, die als Vorbild für viele Menschen fungiert und sich über mehrere internationale Auszeichnungen freuen kann.

Wir erfahren von Khulan, dass sie von Beginn an den Fokus auf eine nachhaltige Entwicklung nicht nur für sich selbst, sondern auch für ihr Umfeld legt. Für sich selbst versteht sie sehr schnell, dass sie Inspiration von anderen Menschen braucht, und verbindet sich mit Personen, die vor ähnlichen Herausforderungen stehen. „Dadurch konnte ich schneller in meine eigene Rolle hineinwachsen", erzählt sie uns. Auch erkennt Khulan, dass sie einen Ausgleich für ihren arbeitsintensiven Alltag benötigt, und findet diesen beim Wandern in der einzigartigen Landschaft der Mongolei. So kann sie ihren Fokus auf *L'hamour* richten, indem sie sich auch abseits der Arbeit Kraft holt. Mit dieser Einstellung begegnet sie Herausforderungen auf neue Weise, weil sie diese wertschätzt. Sie weiß ja aus eigener Erfahrung, dass sie an ihnen am meisten wachsen kann: „You have to value your challenges", betont sie im Interview mit uns. „Denn nur so", ergänzt sie, „können wichtige Entwicklungsschritte durchlaufen werden, indem die Herausforderungen erlebt, ausgehalten und überwunden werden."

Auch für ihr Umfeld möchte sie in ihrer Rolle als Social Entrepreneur Verantwortung übernehmen. Eine Möglichkeit dazu sieht sie darin, ihr Wissen in ihrem Land zu teilen und ihren Mitmenschen neue Einsichten zu verschaffen. Sie stellte beispielsweise fest, dass in der Mongolei so gut wie kein Bewusstsein für natürliche und nachhaltige Produkte existiert. Das ist Neuland für viele. So weigern sich Khulans KundInnen zunächst, die von ihr angebotenen schlichten Papiertüten und -verpackungen zu nutzen. Sie fordern bunte Plastikverpackungen. Aber Khulan hält an ihrer Idee fest und schult ihre VerkäuferInnen, deeskalierende und informierende Gespräche mit KundInnen zu führen.

Auch hierbei stößt sie auf Widerstände: „Es gab Menschen in Ulaanbaatar, die an meine Eltern herangetreten sind und ihnen ihr Beileid für solch eine verrückte Tochter ausgesprochen haben", berichtet sie. „Aber solche Erlebnisse haben mich sogar noch mehr angespornt, weiterzumachen, mich noch genauer zu informieren, um noch bessere Erklärungen und Argumente für diese Menschen zu finden." Mittlerweile hat sie einen ersten Zero Waste Corner in ihrem Flagstore eingerichtet und bekommt zunehmend Rückenwind. Es gibt Frauen, die jetzt ihren Job kündigen, um bei *L'hamour* anzufangen.

„An den Herausforderungen wachsen wir am meisten", schlussfolgert sie und schmunzelt bei den Erinnerungen. Mit dieser Haltung entsteht aus Problemen neues Wachstumspotenzial. Aus einem „Geht-das-überhaupt?" im Kopf wird ein „Wie-mache-ich-das?" – ein feiner, aber letztendlich doch riesengroßer Unterschied.

Modern-Work-Prinzip:
Wachstumsmindset stärken

Khulan zeigt eindrücklich auf, wie wir auf Herausforderungen in unserem Leben blicken und damit umgehen können. Es ist die Frage nach dem halb vollen oder halb leeren Glas, die wir uns tatsächlich stellen sollten. Denn es ist unsere grundsätzliche Einstellung, die darüber entscheidet, welchen Umgang wir in bestimmten Situationen wählen. **Wir können uns entscheiden, Herausforderungen gegenüber wertschätzend zu sein.** Khulan hat sich entschieden, das Glas als halb voll zu betrachten, und handelt auch danach. Das ermöglicht es ihr, den Dingen nicht nur eine Chance zu geben, sondern sie auch auf Tauglichkeit zu überprüfen, weil sie diese nicht sofort abtut. **Ein Wachstumsmindset erkennt das Potenzial in den Dingen,** während ein fixiertes Mindset die Herausforderung selbst sieht. Durch jede Herausforderung entwickelt sich das Wachstumsmindset weiter und wird gestärkt. Ein fixiertes Mindset greift hingegen noch stärker auf bereits gewohnte Muster zurück.

Deutlich wird dabei auch, dass es eine aktive Auseinandersetzung mit den eigenen Themen braucht, damit es gar nicht zu einer mentalen Schonhaltung kommen kann, in der man nur einen Blickwinkel einnimmt. In Namibia erleben wir auf unserem Roadtrip eine lustige Situation, als wir an einem Campground ankommen und nach einem tollen Tag recht schnell unzufrieden werden. Auf unseren Stühlen sitzend schauen wir durch einen hohen Drahtzaun auf ein karges Feld: „Wie im Knast sieht das aus", sagt einer von uns. Erst als wir aufstehen, eröffnet sich eine ganz andere Perspektive: Hinter dem Wagen erblicken wir auf der anderen Seite eine grüne Wiese mit wunderschönen Bäumen – ein kleines Idyll. Wir bringen unsere Stühle auf der anderen Seite des Autos in Stellung und sind sofort glücklicher. Es ist derselbe Ort, doch wir entscheiden, wohin wir schauen. **Wir wählen die Blickrichtung, wenn wir es uns erlauben, unsere Position zu verändern.** Unsere Haltung und Denkweise wird flexibler und unser Umgang situativer, wenn wir aus dem Trott heraustreten und mit gewohnten Mustern brechen. Dabei ist es entscheidend, worauf wir unsere Gedanken lenken. Wenn wir unsere Gedanken bewusst auf das Hier und Jetzt richten, können wir tatsächlich etwas bewirken. **Rückschläge und Schwierigkeiten werden händelbar, wenn wir sie akzeptieren. Erst dann können wir einen konstruktiven Umgang mit ihnen finden.** Mit dieser Denkart wird es leichter, sich bei Unsicherheiten zurechtzufinden und eine Orientierung zu behalten. So haben wir es in der Wüste Gobi geschafft, unseren Wagen mit Fokus und Ruhe aus dem See herauszumanövrieren.

Was wir an Erfahrungen mitnehmen

Es lohnt sich, mutig zu sein! Mutig zu sein, bedeutet nicht, leichtsinnig zu werden, sondern den Glauben an das eigene Können zu stärken und außerhalb der gewohnten Denkweisen und Verhaltensmuster zu agieren. So extrem wie in der Wüste Gobi muss es nicht jedes Mal sein – und trotzdem: Wir wachsen an unseren Herausforderungen und merken, wie unsere Erfahrung zunimmt. Auch wenn es nicht immer angenehm ist, sich außerhalb der eigenen Komfortzone zu bewegen, so weiten sich unsere Grenzen doch jedes Mal, wenn wir es tatsächlich tun.

Die Diskussion über Komfortzone und Fehlerkultur kennen wir auch von Zuhause, erleben sie jedoch eher selten im Berufsalltag. Auch in Unternehmen sollte noch häufiger gefragt werden: „Was ist die Alternative zu einer Fehlerkultur? Bringt es uns wirklich weiter, wenn wir stets versuchen, Fehler zu vermeiden oder – wenn sie passieren – still und heimlich unter den Teppich zu kehren? Kann aus einer bewahrenden Kultur in Unternehmen Neues entstehen?"

Wie ein Muskel kann das Wachstumsmindset trainiert werden. Deswegen können wir es uns auch erlauben, mit Zeit und Ausdauer in Aufgaben hineinzuwachsen. Durch ein solches Training gewöhnen wir uns daran, flexibel und situativ zu agieren. Damit erweitern wir gleichzeitig unser Wissen und unsere Handlungsmöglichkeiten. Wir erleben, dass es leichter wird, über den eigenen Schatten zu springen und Herausforderungen anzunehmen. Getreu dem Motto von Barney Stinson aus der US-Serie *How I met your mother*: „Challenge accepted!"

Khulans Ansatz finden wir sehr spannend, denn ihr geht es zum Beispiel nicht nur darum, ein gutes Geschäft mit ihren Hautpflegeprodukten zu machen. Sie hat vielmehr eine Mission: Sie kämpft um ihre Gesundheit und die ihrer Mitmenschen. Khulan will einen gesellschaftlichen Wandel vorantreiben und ein neues Verständnis von Nachhaltigkeit im eigenen Land entwickeln. Und wir nehmen es ihr ab, als sie im Interview sagt: „Ich will, dass Menschen sich wertgeschätzt fühlen und dass sie selbst auch Werte kreieren." In der Mongolei fragen wir uns nach den vielen Erlebnissen und Erfahrungen, wohin wir uns entwickeln und stärken wollen. Die Antwort ist einfach und hat Potenzial: Wir wollen auf der Modern Work Tour übernommene Vorannahmen und Vorurteile erkennen und entkräften. Wir wollen über Grenzen hinweg mit- und voneinander lernen. Wir wollen schwierigen Situationen noch souveräner begegnen – mit der Erfahrung im Gepäck, dass wir uns selbst auch beim Umgang mit großen Herausforderungen vertrauen können.

REFLEXION

FRAGEN ZUM PRINZIP: WACHSTUMSMINDSET STÄRKEN

- Inwiefern schaffst du es, deine Herausforderungen wertzuschätzen?

- Was tust du, um dich bewusst weiterzuentwickeln?

- Wie mutig schätzt du dich ein und wie überwindest du am besten deinen eigenen Schatten?

- Wie gut gelingt es dir, andere in ihrem Wachstumsmindset zu stärken?

- Was kannst du aus den aufgezeigten Beispielen in diesem Kapitel für deine eigene Arbeit ableiten?

Fähigkeiten entfalten

Hongkong

Singapur

In China dreht sich die Welt schneller. Die Geschwindigkeit, mit der vor Ort kommuniziert und gearbeitet wird, beeindruckt uns sehr.

Singapur begeistert durch surreale Architektur und ist eines der sichersten Länder weltweit.

Kuala Lumpur – Malaysia

Shanghai – China

Auf den Philippinen erleben wir atemberaubende Natur, lernen viel über uns selbst sowie unseren Umgang mit Krisen.

头狼训练营结业仪式暨学员分享沙龙

Shenzhen – China

Bohol – Philippinen

Lijian – China

ntschuldigung, aber wir nehmen kein Bargeld." Bedauernd schaut der Mann uns an und fragt: „Haben Sie WePay? Dann können Sie einfach über den QR-Code bezahlen." Er hält uns einen kleinen Bildschirm mit einem schwarz-weiß getupften Quadrat hin, in dessen Mitte das Symbol des New Century Global Centers zu sehen ist. Wir haben gerade in dem flächenmäßig größten Gebäude der Welt in Chengdu (China) einen Happen zu Mittag gegessen. Das Multifunktionsgebäude ist mit seinen 1,76 Millionen Quadratmetern und einer Grundfläche von 400 x 500 Metern so groß, dass wir es nur mit dem Weitwinkel unserer GoPro vollständig einfangen können. Es beherbergt ein Einkaufszentrum, zwei 5-Sterne-Hotels, einen Wasserpark, eine Eislaufbahn, ein Kino mit 14 Sälen, eine Universität, einen eigenen Bahnhof, eine Kirche und noch so einiges mehr. Dieser Konsumtempel hat so viel, aber mit chinesischem Bargeld, dem „Renminbi" oder auch „Volksgeld" genannt, können wir im gesamten Gebäude nicht bezahlen. Die Kreditkarten versagen uns gerade auch ihren Dienst und für WePay hätten wir ein chinesisches Konto eröffnen müssen, haben wir also nicht. „Ich kümmere mich darum, bitte warten Sie hier", sagt er und flitzt los.

Das ist nur eins von unzähligen Erlebnissen, die uns während unseres zweimonatigen Aufenthalts in China stets eins vor Augen führen: Der technologische Fortschritt wird hier systematisch vorangetrieben. Die Nutzung von Technologie wird belohnt und alles andere erschwert. Wir hören, dass zum Beispiel das Bezahlen der Stromrechnung nur noch per App geht. Wer diese App nicht nutzt oder nicht nutzen kann, hat einen monatlichen Bürokratie-Marathon vor sich. Die Menschen erhalten staatlich geförderte Schulungen und Workshops, um mit der Technik umzugehen und ihren Alltag damit zu meistern. Der Staat ordnet hier quasi den Fortschritt an und offenbar funktioniert es: Sogar im chinesischen Hinterland, den Dongchuan Redlands im Südosten, bekommen wir Probleme bei der Bezahlung. In einer kleinen Garage verkauft eine ältere Bäuerin gebackene Kartoffeln aus einem kleinen Ofen. Man kann sich hinsetzen und die Erdäpfel mit unfassbar scharfen Saucen essen. Wahnsinnig lecker und für lange Zeit das günstigste Essen auf der Modern Work Tour. Als wir bezahlen wollen, nickt sie nur zur Wand und wir entdecken den QR-Code für WePay. Nur ungern nimmt sie unser Bargeld, denn das bedeutet für sie, dass sie ihren Sohn in die Stadt fahren lassen muss, um es dort einzuzahlen. Mit WePay gelangt das Geld sofort auf ihr Konto und sie kann mit nur einem Klick sehen, was sie an einem Tag verdient hat. Das ist ja so viel einfacher und vor allem praktischer. Auch hier – mitten auf dem Land – wird das bargeldlose Bezahlen bevorzugt.

Selbst leckere Kartoffeln auf dem Land werden in China über den QR-Code bezahlt.

Die Strategie beeinflusst auch uns, denn wir kommen uns völlig steinzeitlich vor, und es ist uns auch irgendwie unangenehm, dem jungen Mann aus dem New Century Global Center so viele Umstände zu bereiten.

Kaum ein Land wird mit so gemischten Gefühlen gesehen wie China. Während die einen fasziniert sind, blicken andere eher ängstlich oder kritisch auf die sich entwickelnde Wirtschaftssupermacht. Von China als Werkbank der Welt zu sprechen, erscheint uns allerdings nicht mehr zeitgemäß. China ist so viel mehr und schon lange beeinflusst es den Weltmarkt – und damit auch uns. Nach zwei wirklich eindrucksvollen Monaten in dieser riesigen Republik denken wir, dass jeder sich selbst sein eigenes Bild machen sollte, um zu prüfen, ob die eigene Vorstellung der Wirklichkeit entspricht.

Wie wichtig es ist, ein gutes Umfeld zu schaffen, um Fähigkeiten zu entfalten, erleben wir auf den Philippinen am eigenen Leibe. In Manila haben wir mit der *Europäischen Außenhandelskammer* Kontakt aufgenommen und Interesse an unseren Workshop-Formaten erhalten. Bei einer Session vor Ort diskutieren wir, welche Inhalte für das Team sinnvoll sind und wann ein solcher Workshop stattfinden könnte. Da der Jahresbeginn anvisiert wird, beschließen wir, von Manila erst nach Palawan und dann nach Cebu zu reisen, um Weihnachten und Silvester unter Palmen zu verbringen. Nun könnte man ja glauben, dass es wunderbare Wochen bei Sonne, Sand, Meer und so ganz ohne den üblichen Weihnachtsstress werden. Doch auf den Philippinen erleben wir die meisten Tiefpunkte auf der ganzen Modern Work Tour. Nirgends wird es uns zwischendurch so schlecht gehen und nirgends ist das Heimweh stärker als auf den Trauminseln. Was für eine Ironie, denn wir wollten schon immer mal den Jahreswechsel in der Wärme erleben.

Unsere Odyssee startet damit, dass wir gleich zu Beginn am Kingki Beach auf Palawan von Sandflöhen regelrecht zerfressen werden. Wir werden zwar auch gut umsorgt, und man versucht, uns mit allen erdenklichen Mitteln (Aloe Vera, Minzöle, Tigerbalsam ...) die Schmerzen zu nehmen. Aber wir

In China entsteht eine neue Welt, die wir bisher nur erahnen können.

leiden höllisch. Nach einem kleinen Rollerunfall, bei dem wir uns zum Glück nur leicht verletzen, haben wir aber die Faxen ziemlich dicke. Wir brauchen eine Pause, wir brauchen Erholung – wir müssen dorthin, wo wir mal wieder Kraft tanken und zur Ruhe kommen können. Diesen Ort finden wir in *Jack's Place* am Napcan Beach. In einer kleinen Hütte am Strand kurieren wir weiter unsere Blessuren und bleiben unglaubliche drei Wochen hier, so dringend haben wir es nötig. Und die Umgebung tut uns gut. Jeden Tag laufen wir am Strand, machen Sport, essen vernünftig und trinken ab und an einen Cocktail, den unsere Gastmutter speziell für uns mixt und in einer Kokosnuss serviert. Wir versöhnen uns wieder ein bisschen mit den Philippinen und nutzen diesen himmlischen Ort, um unsere Gedanken über dem klaren Ozean treiben zu lassen. Auch wenn es von außen wie Urlaub erscheint, sind wir nicht faul. Am Napcan Beach entsteht die Idee zu unserem ersten Buch *New Work Hacks* und wir bekommen eine konkretere Vorstellung davon, wie es auf der Modern Work Tour weitergehen soll. Seitdem wir die Mongolei verlassen haben, planen wir immer noch von einem Ort zum anderen.

Zu Weihnachten geht es dann nach Cebu – und diese Insel gibt uns wieder den Rest. Es beginnt schon bei der Ankunft auf dem Flughafen, wo wir erst Stunden für ein Taxi anstehen, dann weitere Ewigkeiten auf den Bus zur Unterkunft warten und schließlich mitten in der Nacht völlig fertig ankommen. Auf der Modern Work Tour rangiert dieses Erlebnis unter den Top drei der schlimmsten Busfahrten (wir sagen nur so viel: Viele Stunden auf nur einer Pobacke zu verbringen, ist kein Spaß, sondern ziemlich schmerzhaft!). Leider wird es auch danach nicht wirklich besser: Unsere Silvesterunterkunft wird gecancelt und wir finden auf dieser vermaledeiten Insel nur noch schwer eine Bleibe. In der neuen Unterkunft holt uns dann auch noch der „Fluch des Pharao" ein. Und als ob das nicht genug wäre, knallt es auch ordentlich zwischen uns. Wir haben den schlimmsten Streit auf der Weltreise. Als wir am Neujahrstag mit Magen-Darm im Bett liegen, wissen wir, dass wir es nicht noch länger auf dieser Insel aushalten. Sobald es wieder geht, packen wir die Rucksäcke: Wir wollen auf die Nachbarinsel Bohol. Komme, was da wolle! Und es kommt: Da wir keinen Platz auf der einzigen Fährüberfahrt erhalten, lassen wir uns mit fünf weiteren Reisenden von einem – heute würden wir sagen – dubiosen Typen überreden, mit seinem Boot überzusetzen. Uns wird immer noch merkwürdig, wenn wir daran denken. Deshalb wollen wir hier nur kurz ins Detail gehen: Auf dem Weg nach Bohol haben wir das erste Mal auf der Reise Angst um unser Leben. Die See wird immer rauer und der Motor krächzt entsetzlich. Sogar die drei Bootsmänner schauen immer wieder besorgt nach hinten zum alten Schiffsmotor. Plötzlich bricht eine der beiden nach außen montierten Bänke, auf denen wir sitzen, halb ab. Jetzt wird die Stimmung auf dem Boot ziemlich düster. Mit komplett durchnässten Rucksäcken, aber heile und erleichtert, erreichen wir den Strand von Bohol. Allerdings nicht an der vereinbarten Stelle – ist dann aber auch egal. Wir wollen nur runter von dem Boot und sind froh, wieder festen Boden unter den Füßen zu haben. Später erfahren wir von unserer Gastmutter Evelyn, die uns fürsorglich wieder aufpäppelt, dass es eine Taifun-Warnung gegeben hat und wir gar nicht erst hätten übersetzen dürfen. Der Taifun wütet zwei Tage über der Insel. Wieder so ein Fall von mehr Glück als Verstand – oder doch nur der Wahnsinn auf Reisen? Als die *Europäische Handelskammer* in Manila den geplanten Workshop mehrere Wochen nach hinten verlegen will, ist es das Zeichen für uns, die (Alp-)Trauminseln zu verlassen. Wir haben in den letzten Tagen viel diskutiert und nachgedacht, denn die Idee der *New Work Hacks* lässt uns weiterhin nicht los. Deshalb beschließen wir, das Buch auf Bali anzufangen. Zunächst aber wollen wir mit zwei kürzeren Aufenthalten in Kuala Lumpur (Malaysia) und Singapur wieder in einen Reise-Arbeitsalltag finden. Gerade auf den Philippinen haben wir gemerkt, wie wichtig die Umgebung ist, wenn man etwas schaffen will, und wie schwer es ist, wenn man sich nicht wohlfühlt. Im Nachhinein betrachtet, hätten wir schon früher etwas an unserer Situation ändern sollen.

Malaysia und Singapur machen es uns dann aber ganz leicht, wieder in den Geist der Modern Work Tour zu finden. Und wieder ist es auch eine ganz andere Welt, in die wir hineintauchen. Hier reisen wir im Bus mit Massagesitz (was für eine Wohltat für unsere Pobacken!) und genießen bei einem atemberaubenden Ausblick auf die berühmten Petronas Towers in Kuala Lumpur das teuerste Abendessen unserer Reise. Sich so etwas zu gönnen und dann auch zu genießen, gehört eben auch dazu. Zu lernen, sich mit Wohlwollen zu begegnen, und daraus Motivation, Engagement und Kraft zu ziehen, ist für uns Teil einer aufmerksamen Selbstführung. „Nur wer sich selbst führen kann, kann andere führen", greift Bodo Janssen die Worte von Pater Anselm Grün in seinem Buch *Die stille Revolution: Führen mit Sinn und Menschlichkeit* auf. Warum man sich selbst kennenlernen sollte, wenn man verantwortlich und selbstbestimmt mit anderen arbeiten will, und weshalb das besonders für Führungskräfte wichtig ist, erfahren wir in Singapur beim Interview.

Meet Damien von *Red Hat* – Singapur

Je weniger Ego jemand in den Führungsjob einbringt, desto mehr kann der Fokus auf das gelegt werden, was wirklich zählt: das Ermöglichen guter, selbstbestimmter Arbeit und das Begleiten von Menschen bei deren Themen und Ideen. Der charismatische Damien Wong, Vice President und General Manager des Open Source Anbieters *Red Hat*, ist so eine Führungskraft, die ihr Ego auf ein gesundes Maß herunterfahren kann. Jemand mit Sinn dafür, dass Führung nicht zum Selbstzweck stattfindet, sondern um Mitarbeitende dabei zu unterstützen, ihre Arbeit zu tun – und zwar selbstbestimmt, verantwortungsvoll und reflektiert. „Das funktioniert über ‚Enabling' und ‚Empowerment' – Ermöglichung und Befähigung von Mitarbeitenden und sich selbst",

Charismatische Geschäftsführung – Damien Wong.

sagt uns Damien. Damien hat Rahmenbedingungen geschaffen, in denen die Mitarbeitenden kompetent mit ihren Freiheiten umgehen können. Ein Umfeld, in dem alle ständig und schnell voneinander lernen, in dem also Wissensaustausch aktiv gelebt wird und sich jeder verantwortungsvoll einbringt. Den ersten Schritt für ein solches Führungsverständnis sieht Damien in einem Mindset-Shift. Weg von einer „Bloß keine Fehler machen!"-Haltung zu einer „Mehr Fehler bringen uns weiter!"-Denkweise. Es sollte okay sein, Dinge auszuprobieren, auch wenn sie nicht sofort funktionieren oder nicht richtig sind. Eine Fehlerkultur im Team zu haben, hält Damien für wichtig beim Führen. Seine Mitarbeitenden wissen, dass sie wirklich Fehler machen dürfen, um zu lernen, und dass das keine leere Worthülse ihres Chefs ist. Denn, so sagt er: „When I make a mistake I tell them about it and even more important – I tell them about what I learned from it." Es geht also nicht nur darum, über die eigenen Fehler zu reden, sondern darum – das ist ihm besonders wichtig, weshalb er es betont – ‚darüber ins Gespräch zu kommen, was man aus diesen Fehlern gelernt hat. Wenn eine Person immer wieder dieselben Fehler macht, muss detailliert darüber gesprochen werden. So kann man gemeinsam herausfinden, was es braucht, damit diese Person besser begleitet werden kann und aktiv aus den gemachten Fehlern lernt: „Sometimes we have to bite our tongue and ask ourselves what exactly we have learned from this", erklärt Damien. Die Verantwortung wird also nicht einfach auf die Mitarbeitenden übertragen, sondern liegt auch weiterhin bei der Führungskraft und beim Unternehmen. „Make clear that this freedom is for everybody", so das Credo von Damiens Führung. Dabei verfolgt er stets vier Schritte: „Starte bei dir selbst, indem du über deine Fehler und das daraus Gelernte sprichst. Sorge für eine Umgebung, in der Kooperationen und Innovationen angeregt werden. Führe als Vorbild mit Nähe und Vertrauen. Kreiere Parameter, um in einem sicheren Umfeld zu arbeiten."

Modern-Work-Prinzip: *Fähigkeiten entfalten*

Führungskräfte wie Damien leben das Prinzip „Fähigkeiten entfalten", das in Modernen Arbeitskontexten immer wichtiger werden wird. Die Aufgabe von Führungskräften wird in Zukunft noch viel mehr darin bestehen, ihre Mitarbeitenden dabei zu unterstützen, ihre eigenen Kompetenzen weiterzuentwickeln. Und zwar genau von dort aus, wo die Mitarbeitenden gerade in ihrer Entwicklung stehen. **Es braucht einen „Shift to Leadership", damit Führungskräfte ihre Mitarbeitenden noch besser dabei unterstützen können, ihre Fähigkeiten zu entfalten.**

SHIFT TO LEADERSHIP bedeutet, dass die Führungskraft eine Haltung entwickelt, in der sich die Denkart vom klassischen Management hin zur Führung von Menschen verschiebt. Mitarbeitende werden dabei in ihrer Entwicklung begleitet und durch die Führungskraft nicht fremdbestimmt, sondern gestärkt.

Der offene Umgang mit Problemen – also der Aufbau einer Fehlerkultur – ist dabei ein wesentlicher Kern beim Führen. Deshalb ist es sehr wichtig, als Führungskraft vorbildlich voranzugehen. Nur so kann von den Mitarbeitenden dasselbe erwartet werden. Das eigene Ego herunterzuschrauben

Die Hochburg Modernen Arbeitens in China ist Shenzhen, Hauptsitz des aufstrebenden Internetunternehmens Tencent.

und eigene Fehler zuzugeben, schafft Nähe. Das wiederum führt zu mehr Vertrauen untereinander. **Führungskräfte werden sich viel stärker mit ihrem Führungsverständnis auseinandersetzen müssen**, um nicht nur über Fehler zu sprechen, sondern vor allem über die Lernerkenntnisse in den Austausch zu gehen. Das erfordert in einem ersten Schritt Selbstführung und Aufmerksamkeit im Hinblick auf die eigene Person und das eigene Handeln.

Die Ermächtigung von Stärken der Mitarbeitenden, also das „Empowerment", kann dabei als Leitplanke dienen. **Mitarbeitende werden stärker befähigt, wenn sie ihrer Arbeit eine Bedeutsamkeit beziehungsweise einen Sinn zuschreiben und wenn sie selbstbestimmt sowie kompetenzorientiert mit ihrer Tätigkeit Einfluss ausüben können.** Dafür muss die Führungskraft Möglichkeiten und eine sichere Umgebung für die Mitarbeitenden schaffen, was unter „Enabling" zusammengefasst werden kann.

Führungskräfte nehmen eine entscheidende Position im Unternehmen ein, da sie im mittleren und oberen Management die Möglichkeit haben, bestehende Systeme zu hinterfragen und zu verändern. Das erfordert allerdings auch Mut und Reflexionsbereitschaft seitens der Führungskraft. **Nur wenn eine Führungskraft mutig genug ist, die Mitarbeitenden darin zu unterstützen, eigene Schritte zu gehen, kann Modern Work gelingen.** Es reicht nicht, nur einmal jährlich im Feedbackgespräch über Bedenken und Schwierigkeiten zu sprechen. Das muss im täglichen Prozess geschehen. Für uns schließt „viable" Führung daran an und trägt zu einem veränderten Verständnis bei. Viabel bedeutet so viel wie „machbar" oder „gangbar". Es verdeutlicht die Fähigkeit zur Flexibilität, die Führung heute in sich schnell wandelnden Arbeitswelten so anspruchsvoll macht. Das steht im direkten Gegensatz zur „Wahrheit", die von der einen richtigen Sichtweise und von vielen anderen falschen aus-geht. **Führungskräfte, die viabel führen, schauen sich die jeweilige Situation an und überlegen, was passend ist, um sie zu verbessern.** Gleichzeitig ver-lieren sie das große Ganze nicht aus den Augen und können es stets in einem konkreten Zusammenhang nachvollziehbar erklären.

Was wir an Erfahrungen mitnehmen

Die vergangenen Monate waren wahnsinnig inspirierend, anstrengend und bereichernd zugleich. In China gewesen zu sein und das Land zu erleben, hat dazu beigetragen, dass wir uns von vielen Vorurteilen befreien konnten. Für uns war es viel herzlicher, lustiger und lebensfroher, als wir gedacht hätten. China ist das Zukunftsland schlechthin. Schon jetzt nimmt das Land nicht nur wirtschaftlich, sondern auch gesellschaftlich und politisch Einfluss. Umso er-staunlicher ist es, dass wir uns noch immer viel zu wenig mit diesem Giganten beschäftigen und noch immer viel zu wenig von ihm wissen. Hier wird in Di-mensionen gedacht und in Geschwindigkeiten agiert, die schwindelerregend sind. So erfahren wir beispielsweise im Silicon Valley Chinas, Shenzhen, dass hier im Jahr 2017 mehr Wolkenkratzer gebaut worden sind als in den gesam-ten USA zusammen. In nur einer Stadt in China – das kann man sich kaum vorstellen, dennoch kann man Shenzen regelrecht beim Wachsen zusehen. Entspannung tritt da allerdings nur selten auf. Der Technologierausch und die dauerhafte Reizüberflutung haben auch uns mental erschöpft. Unseren eigenen Bedürfnissen wirklich nachzugehen und diese nicht als ein „Stell dich nicht so an!" abzutun, ist eine wichtige Erkenntnis. Diese Erkenntnis wollen wir auch daheim beherzigen, beispielswei-se wenn es um den Umgang mit Social Media geht.

Bei unserer Bootsüberfahrt von Cebu nach Bohol haben wir mehr Glück als Verstand.

Deswegen wollten wir ja auch auf die Philip-pinen, um uns zu erholen. Dass das in mancher Hinsicht so gar nicht klappen würde, konnte ja keiner ahnen. Gelernt haben wir daraus, die Rah-menbedingungen schneller zu verändern, wenn wir merken, dass sie uns nicht guttun. Zu lange haben wir unzufrieden im vermeintlichen Paradies ausgeharrt, weil ja „ei-gentlich alles hätte gut sein müssen". Eine Veränderung herbeizuführen, geht unserer Meinung nach nur, wenn man den Blick auf sich selbst richten kann, um dann auch einen geschärften Blick auf andere zu bekommen. Was es bedeutet, Mitarbeitende bei der Entfaltung ihrer Fähig-keiten zu unterstützen und dabei ohne Ego zu führen, hat uns wenig später ein Australier gezeigt.

Auf dem Roadtrip durch Westaustralien haben wir uns mal wieder im Sand festgefahren, als er mit seinem Jeep hinter uns anhält. Er steigt aus, sieht sich den Wagen an und fragt uns: „Darf ich mal probieren?" Natürlich! Währenddessen erklärt er uns, worauf wir achten sollen, wenn wir im Sand fahren. Innerhalb von einer Minute befreit er den Wagen – doch lange währt unsere Freude nicht. Als er sich versichert hat, dass wir verstanden haben, wie er es macht, bugsiert er den Wagen kurzerhand wieder zurück in die Sandkuhle. Er steigt aus und sagt: „Jetzt seid ihr dran!" Zehn Minuten lang experimentieren wir, bis wir den Wagen endlich draußen haben. Derweilen steht unser australischer Fahrlehrer seelenruhig dabei und meint am Ende nur: „Geht doch, und gelernt habt ihr nun auch etwas. Mir könnt ihr dann das Fahren im Schnee beibringen, denn das kann ich sicherlich nicht."

Das Treffen mit Damien bestätigt uns darin, den Fokus unserer Arbeit auf das Entfalten von Fähigkeiten zu legen. Wenngleich es oft schneller gehen würde, von oben nach unten zu delegieren. Indem Menschen ihre Fähigkeiten entfalten, erlangen sie die Kompetenz, viable (passende und gangbare) Lösungen für neue Herausforderungen zu finden.

Transparenz und Offenheit

Dubai – Emirate

Abu Dhabi – Emirate

Die Emirate begeistern
durch Luxus und viele
Superlative. Auch in Bezug
auf Moderne Arbeit erhal-
ten wir hier spannende
Einblicke.

Petra – Jordanien

Akaba – Jordanien

Im Nahen Osten genießen
wir Luxus, das wohl beste
Essen auf der Modernen
Walz und wunderschöne
Natur. Zudem haben wir
inspirierende Treffen. Für
uns persönlich wird die
Wadi Rum ein besonderer
Herzensort.

Wadi Rum – Jordanien

Als wir in Jordanien ankommen, erwarten uns statt Wärme überraschenderweise Schneeschauer, kalter Wind und ein unfreundlicher Taxifahrer, der uns nicht wie verabredet zu unserer Unterkunft in der Hauptstadt Amman bringen will. „Just here, just here!", sagt er immer lauter werdend und will natürlich trotzdem den vereinbarten Betrag haben. Wir bleiben hart in der Verhandlung – zu Recht, wie wir finden. Immerhin laufen wir mehr als 20 Minuten mit unserem gesamten Gepäck durch die Stadt zur Unterkunft. Als wir endlich ankommen, ist unser Zimmer bereits anderweitig vergeben. Wir werden von einem sehr freundlichen alten Mann zu einer anderen Unterkunft gebracht. Dort landen wir in einem winzigen, kalten Raum, in dem gefühlt seit Monaten kein Mensch mehr geschlafen hat. „Oha, das hatten wir uns anders vorgestellt!", denken wir gefrustet. Doch warum sind wir eigentlich so unzufrieden?

Vielleicht liegt es an dem Kontrast zu unserer letzten Unterkunft? Zu unserem 10-Jährigen haben wir es uns in Abu Dhabi in einem wunderschönen 5-Sterne-Resort gut gehen lassen. Außerdem haben wir im wohl prunkvollsten und dekadentesten Hotel der Welt, dem Emirates Palace, ein mit Blattgold überzogenes Eis gefuttert und einen Cappuccino mit Kamelmilch (= golden Camelccino) getrunken. Gegönnt haben wir uns sowohl Zeit in der schönsten Moschee der Welt, Sheikh Zayed, als auch im einzigen Louvre-Ableger weltweit. Die bekannten Kunstwerke haben uns dabei ebenso beeindruckt wie die Architektur des Louvre-Museums. Auch haben wir es uns in Dubai nicht nehmen lassen, auf dem höchsten Gebäude der Welt, dem Burj Khalifa, den Sonnenaufgang von der 145. Etage aus zu bewundern. Die Emirate stemmen Superlative aus dem Boden wie wohl kaum ein anderes Land – abgesehen von China natürlich.

Der Kontrast vom Luxus in den Emiraten zu unserem muffigen Zimmer hier in Jordanien hätte kaum größer sein können. Wir reisen aktuell anders als zuvor auf der Modern Work Tour. Bis zu unserem Zwischenhalt in Deutschland ist jetzt alles durchgeplant: Die Zeiträume sind festgelegt, die Unterkünfte gebucht, die Auszeiten und Arbeitstreffen vereinbart. Wir lernen gerade, wie es ist, wieder in einer festen Taktung zu reisen. Das macht einerseits einiges leichter, weil wir nebenher nicht auch noch die ganze Reiseplanung organisieren müssen. Andererseits nimmt es uns die lieb gewonnene Freiheit, die Dinge einfach auf uns zukommen zu lassen, was schon zu so vielen wunderbaren Begegnungen auf der Modern Work Tour geführt hat.

Die Übergänge sollten wir sachter gestalten, damit einen die vielen verschiedenen Eindrücke nicht überfordern, nehmen wir uns vor. Hat heute zwar nicht so gut geklappt, aber nun denn. Das kann man ja ändern, oder? Genau! Raus aus dem Zimmer und trotz Schietwetter rein nach Amman und die kulinarische Küche testen. Am besten kann man doch in einem Land ankommen, wenn man sich die Bäuche kugelig futtert. Eine super Idee, denn das Essen schmeckt großartig. Und uns geht es sofort besser! Im Nachhinein werden wir sagen, dass das Essen in Israel und im Libanon sogar noch besser schmeckt und zum kulinarischen Highlight

Im Nahen Osten ist das Essen ein Genuss.

unserer Reise wird. Im Nahen Osten schlemmen, naschen und probieren wir am laufenden Band: Nils isst in allen der vier bereisten arabischen Länder jeden Tag eine Linsensuppe, manchmal auch zwei. Anna verliebt sich in Jerusalem ins Shakshuka – in einer würzigen Tomatensoße pochiertes Ei. Auch nach der Modern Work Tour wird das Shakshuka eines unserer Lieblingsessen zum Frühstück bleiben.

In Jordanien machen wir zuerst einen Roadtrip und werden anschließend unsere Arbeitstreffen haben. Und schon geht es direkt los zu einem ersten Abstecher in das beeindruckende Petra. Die einstige Hauptstadt des nabatäischen Königreichs wurde in Felswände hineingemeißelt. Ein Ort, der einmal die Moderne dargestellt hat, beispielsweise mit den komplexen Wasserleitungen, die bereits 500 v. Chr. viele Kilometer weit das Wasser hergeholt, gespeichert und verteilt haben.

Durch die Wadi Rum begleitet uns unser Guide und Koch Bader.

Anschließend fahren wir in die Wadi Rum, in der wir uns gefühlt auf dem Mars wiederfinden. Sofort verstehen wir, warum große Filmproduktionen wie *Star Wars* oder *Indiana Jones* genau diesen Ort wählen, um ihre sagenumwobenen Legenden auf die Leinwände zu zaubern. Die Wüste ist einzigartig und kein Vergleich zu denen, die wir beispielsweise in Australien oder der Mongolei gesehen haben.

Für die Wadi Rum können wir einen weiteren Barterdeal aushandeln: Wir erhalten im Tauschhandel eine mehrtägige Tour mit einem Fahrer, der uns zudem köstlich bekocht. Dafür zahlen wir einen symbolischen Preis und liefern Foto- und Videomaterial. Besonders nach den Emiraten ist das eine willkommene Gelegenheit für uns, Abenteuer mit einem geschonten Geldbeutel zu verbinden.

„You will feel the magic here", sagt unser Guide Bader zur Begrüßung und wir können seinen Worten nur zustimmen. Etwas für uns Magisches geschieht am letzten Tag – allein auf einem kleinen Berg mit Blick über die Wadi Rum, wo wir uns eine Woche nach unserem 10-Jährigen verloben. Irgendwo im Nirgendwo, das letzte Mal in unberührter Natur, bevor unsere Modern Work Tour in Deutschland eine Pause macht. Es ist ein Herzensort für uns geworden, so viel ist sicher. Ob wir wiederkommen? Bestimmt!

Reich an Eindrücken, kehren wir nach Amman zurück. Dieses Mal ist das gute Wetter bereits vor uns angekomm. In Amman haben wir unterschiedliche Sessions mit Unternehmen und finden die Gründerszene dort mächtig spannend. Wir erkennen einige Parallelen zum Balkan: Auch hier entscheiden sich junge GründerInnen bewusst, im eigenen Land zu bleiben. Ähnlich wie ihre KollegInnen in Sarajevo, haben sie sich in den Kopf gesetzt, ihrem Heimatland eine bessere Zukunft zu ermöglichen. Sie sehen die multikulturellen Einflüsse in Jordanien als Mehrwert und haben den Eindruck, vor Ort viel mehr erreichen zu können – für ihre Gemeinschaft, für die Familie.

Meet *ReBootKamp* – Jordanien

Ein besonderes Highlight stellt für uns im Nahen Osten der Besuch im *ReBootKamp* dar, das von dem US-Amerikaner Hugh Bosely aufgebaut worden ist. Es ist, wie er sagt, das erste Programm dieser Art im arabischen Raum überhaupt. Über vier Monate werden hier junge Menschen von Experten dabei begleitet, einen Einstieg in ihren ersten Job in der IT-Welt zu finden. „Unsere Übernahmequote liegt mit 98 % extrem hoch und die Leute bleiben in der Regel im Job", berichtet Hugh

In unserer Session mit Hugh sprechen wir über Chancen und Disziplin.

auf seine irgendwie unverblümte Weise. Die braucht es vielleicht auch bei seiner Zielgruppe. Schließlich geht es darum, benachteiligten und geflüchteten Menschen aus den umliegenden Ländern wie beispielsweise Syrien ein Sprungbrett zu geben, damit der Eintritt ins Arbeitsleben gelingt. Viele der Teilnehmenden sind geflüchtete Frauen, die hier das erste Mal überhaupt eine Möglichkeit bekommen, sich ausbilden zu lassen. In ihrer eigenen Heimat ist ihnen das untersagt. „Das Kamp stellt eine neue Chance für sie dar", so eine Lehrende des Programms.

Mit Sarah, der Gründerin von Robotack (unten links im Bild), diskutieren wir über Wachstumsschmerzen im Start-up.

Ziel des *ReBootKamp*s ist es, den Teilnehmenden nicht nur das Programmieren, sondern auch Soft Skills wie Problemlösefähigkeit und eigenständiges Weiterlernen beizubringen. „Wir möchten, dass sich unsere Teilnehmenden zu autonomen Lernern entwickeln", resümiert Hugh. Im Programm wird jeden Tag neun bis 16 Stunden miteinander gearbeitet, diskutiert und gelernt. „Wie schafft man das?", fragen wir Hugh und sein Team. „Du musst es zu 100 % wollen, anders geht es nicht", bekommen wir zur Antwort: „Wer sich durchbeißt und in die eigene Zukunft investiert, schafft den Sprung von Armut zu Wohlstand." Die junge Niveen, die aus dem Gazastreifen kommt, berichtet: „Zu Beginn hätte ich nicht gedacht, dass ich durchhalte. Mit der Zeit wurde es erstaunlicherweise einfacher, mein Fokus nahm zu und ich konnte meine Lernweisen verbessern." Während wir durch die Räumlichkeiten geführt und in verschiedenen Kursen kurz vorgestellt werden, erzählt uns Hugh, dass der multikulturelle Hintergrund das Arbeiten so interessant macht: „Wir sind hier komplett transparent in Bezug auf Anforderungen und Regeln und verlangen wiederum von allen große Offenheit." Das ist nicht immer leicht, hören wir: Die vielen verschiedenen Lebensgeschichten dieser jungen Menschen sind von unterschiedlichen Herkünften und Religionen beeinflusst. Eine Herausforderung, an der sie wachsen können.

Eins stellt man im *ReBootKamp* ganz klar heraus: Alle werden hier gleich behandelt; Frauen werden als ebenbürtig angesehen. Keine Selbstverständlichkeit, weder hier im arabischen Raum noch an vielen anderen Orten dieser Welt – auch auf unserer Modern Work Tour. Niveen berichtet, dass sie in ihrem Heimatland eine Chance wie beim *ReBootKamp* nicht erhalten hätte. Einfach, wenn auch radikal gilt im *ReBootKamp*: „Wer sich nicht an die Gleichberechtigung hält, muss gehen!", so Hugh. Ein wichtiges Konzept finden wir, das mehr Aufmerksamkeit benötigt, bis es wirklich weltweit gelebt wird und

DIE #MODERNWORKTOUR: EINE MODERNE WALZ

alle Menschen sich so entfalten können, wie sie es selbst möchten. Nur dann kann sinnstiftendes Arbeiten und damit ein zufriedenstellendes Leben entstehen. Die Bedingungen für die Teilnahme und die Chance ihres Lebens auf eine bessere Zukunft werden hier so klar aufgezeigt, dass Aspiranten wissen, worauf sie sich einlassen. Die junge Niveen sagt: „Nach dem Programm haben sich meine Gedanken zur Arbeit und zum Leben für immer verändert." Inzwischen ist auch sie übernommen worden und kann erfolgreich in ihren Beruf als UX-Designerin und Web-Entwicklerin arbeiten.

Modern-Work-Prinzip:
Transparenz und Offenheit

In einer Region unserer Erde, wo viele Konflikte brodeln und extrem unterschiedliche Weltanschauungen und Vorurteile aufeinandertreffen, schafft es das *ReBootKamp*, sich nicht davon zermürben zu lassen, sondern einen Schritt nach vorne zu gehen. Denn hier werden eigene Rahmenbedingungen gesetzt: Es gibt volle Transparenz über die Anforderungen und es wird große Offenheit in Bezug auf Gleichberechtigung und den Umgang miteinander erwartet. Das Beispiel *ReBootKamp* zeigt in seiner konsequenten Art Folgendes auf: **Transparenz und Offenheit sind grundlegende Bedingungen für erfolgreiche Weiterentwicklung** im gemeinsamen Arbeitskontext. Wenn alle wissen sollen, worauf sie sich einlassen, müssen die Spielregeln auch für alle klargemacht werden.

In Deutschland erleben wir immer wieder, dass es in Unternehmen verpasst wird, transparent aufzuzeigen, welche Anforderungen gesetzt und welche Entwicklungen gewünscht werden. In diesen Fällen entstehen Missverständnisse, Fehlkommunikation und Orientierungslosigkeit bei Mitarbeitenden. Wie könnte es auch anders sein? Schließlich wissen sie nur selten, welche Informationen ihnen fehlen, um sinnvoll zu arbeiten. **Vorhandenes Wissen zu teilen und allen zur Verfügung zu stellen, schafft Gleichwertigkeit.**

Transparenz und Offenheit gegenüber anderen bedeutet, miteinander zu wachsen. In China machen wir bei einem High-Tech-Weltmarktführer die Erfahrung, dass unsere gewünschte Beratung daran scheitert, dass Schwierigkeiten und Herausforderungen nicht ausgesprochen werden dürfen. Uns wird unter der Hand gesagt, dass es verboten ist, darüber zu sprechen. Damit wird unsere Beratungsarbeit zu einer eingleisigen Dienstleistung: Wir geben viel Input, ohne zu wissen, ob das überhaupt sinnvoll ist. Das ist wie Dinner in Dark. Obwohl das Führungsteam im Marketing uns angefragt hat und neugierig auf unsere Expertise ist, können sie selbst nichts mit uns teilen, was Substanz hat und uns eine anschlussfähige Beratung ermöglicht. So wird es eher ein kleiner Vortrag zu Modernen Arbeitsweisen und Führung. Wir halten anschließend fest: **Transparenz und Offenheit schaffen in Kombination einen entwicklungsfördernden Kontext.** Nur wenn es ermöglicht wird, miteinander offen über Inhalte zu sprechen, können gemeinsam neue Ideen und Ableitungen entwickelt werden.

In ihrem Buch *Innovation as usual* zeigen Paddy Miller und Thomas Wedell-Wedellsborg, dass Unternehmen häufig weit hinter ihrem Potenzial zurückbleiben, da den Mitarbeitenden nicht genügend Informationen bereitgestellt werden, um aktiv mitzudenken. **Wer Informationen teilt, kann auf das kollektive Wissen zurückgreifen.** So kann man Herausforderungen nicht nur besser begegnen, sondern auch Mitarbeitenden die Chance geben, ihre Ideen und Erfahrungen einzubringen. **Nur wenn wir von einem Problem wissen, können wir eine Lösung finden.** Das ist letztendlich der Ausgangspunkt von Innovation: Wenn etwas nicht funktioniert, wird etwas Neues erdacht – und manchmal stolpert man auch einfach darüber.

Was wir an Erfahrungen mitnehmen

Uns wird wieder bewusster, dass Transparenz und Offenheit noch immer Privilegien sind, die für uns zu Moderner Arbeit gehören und nicht selbstverständlich sind. Es wird darum gehen, Silodenken abzubauen: Abteilungen behalten ihr Wissen und ihre Probleme lieber für sich, als sie zu teilen. Geschäftsführungen stellen Mitarbeitende vor vollendete Tatsachen oder geben von sich aus nicht genügend Informationen weiter. So wird es schwer, Innovationen hervorzubringen, auch wenn wir in Deutschland auf einem reichen Schatz an Erfahrungen sitzen. Was hält uns eigentlich davon ab, einfach mal mehr ins Risiko zu gehen?

Aktives Mitdenken wird häufig immer noch als Einmischen oder als Gefahr verstanden und Transparenz wird als unnötig gesehen. Das wollen wir ändern. Wir wollen uns dafür einsetzen, dass Arbeiten wieder ehrlicher und authentischer werden kann. Formate wie beispielsweise „Fuck-up-Nights" oder die „Week of Learning" helfen dabei, wie wir bereits miterleben durften. Bei „Fuck-up-Nights" werden Fehlschläge und Scheitern diskutiert, um Lernerfahrungen zu teilen. Bei der „Week of Learning" werden im Unternehmen eine Woche lang wichtige Informationen geteilt und elevantes (Fach-)Wissen wird mit allen ausgetauscht. Doch diesen Formaten muss Offenheit entgegengebracht werden, damit sie erfolgreich gelingen können.

Für uns selbst haben wir besonders im Nahen Osten gelernt, dass wir manchmal stark für uns einstehen müssen, um fair behandelt zu werden und an die Informationen zu kommen, die uns zustehen. Das ist eine Erfahrung, die wir von der gesamten Modern Work Tour mitnehmen. Denn schon in Kasachstan erleben wir das Gegenteil von Transparenz und Offenheit, als wir eine geführte Tour antreten. Wir wissen nicht, wann wir das letzte Mal am Tag etwas zu essen kaufen können, und gehen mit knurrendem Magen ins Bett. Oder wir schleppen stundenlang unser schweres Gepäck in der Mittagshitze durch die Schlucht des Charyn Canyons. Trotz Deeskalation wird es nicht besser, sodass wir den Trip nach der Hälfte abbrechen. Auch solche Erfahrungen prägen unsere Abenteuer und lassen uns reifen – immerhin bringt uns dieses Erlebnis überraschenderweise auf unserem Reiseblog travelbees.de den meistgelesensten Post.

Aus Jordanien nehmen wir mit, dass es immer jemanden braucht, der mutig genug ist, dafür einzustehen, dass Transparenz und Offenheit gelebt, besprochen und verstärkt werden können. Gerade in Arbeitskontexten, in denen es hierzu noch keine gelebte Realität gibt, brauchen wir Vorreiter, die zeigen, dass es möglich und lohnenswert ist, sich dafür einzusetzen.

FRAGEN ZUM PRINZIP: TRANSPARENZ UND OFFENHEIT

- Wie transparent und offen kannst du dich in deinem Arbeitskontext zeigen?

- Welche Erfahrungen hast du bei einem offenen Umgang mit Fehlern und Herausforderungen gemacht? Wie haben dich diese Erfahrungen geformt?

- Welche Themen hast du immer noch nicht angesprochen, obwohl du das schon seit längerer Zeit tun möchtest?

- Welche Entscheidung kannst du jetzt direkt fällen, die in deinem Umfeld zu mehr Transparenz und Offenheit führt?

- Was kannst du aus den aufgezeigten Beispielen in diesem Kapitel für deine eigene Arbeit ableiten?

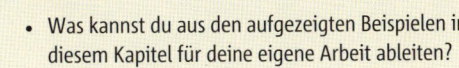

Selbstbestimmung und Verantwortung

Zürich – Schweiz

Wir nutzen unsere „Zwischenzeit" in Deutschland dafür, unsere Erfahrungen zu teilen. Zudem sind wir auf vielen Events aktiv.

In dieser Zeit schauen wir auch in Österreich und der Schweiz, wie dort Modernes Arbeiten gestaltet wird, und genießen in den Bergen unsere „Flittertage".

Bochum – Deutschland

Wien – Österreich

Istanbul – Türkei

Wir setzen nach 333 Tagen das erste Mal wieder unsere Füße auf deutschen Boden, als wir in Hamburg aus dem Flugzeug steigen. Fast ein ganzes Jahr ist verstrichen, seitdem wir auf Moderne Walz gegangen sind. Die letzten Wochen im Nahen Osten mit Jordanien, dem Libanon, Israel und der Türkei waren arbeitsreich. In Istanbul haben wir auch die *New Work Hacks* fertig geschrieben und das Manuskript reichen wir beim Verlag ein. Der erste Teil der Modern Work Tour ist nun zu Ende. „Viel zu schnell!", denken wir. „Endlich seid ihr wieder daheim!", hören wir von Familie und Freunden.

Die Ankunft ist im wahrsten Sinne des Wortes überwältigend. Alle wuseln um uns herum, haben sich ein Willkommen in großer Runde für uns überlegt und freuen sich, uns endlich wieder in die Arme schließen zu können. Kurz gesagt: Es ist chaotisch – und genauso sieht es auch in unseren Köpfen aus. Auf das „Wieder-Zurück-Sein" waren wir nicht richtig vorbereitet. Uns wird erst einmal alles zu viel. Fast ein ganzes Jahr waren wir auf uns allein gestellt und haben einen guten gemeinsamen Rhythmus gefunden, der uns zu Hause erst mal ein bisschen abhandenkommt. Am Anfang tun wir uns schwer, wirklich anzukommen. Es tut gut, zu wissen, dass es mit unserer Modern Work Tour weitergehen soll.

„Habt ihr denn nicht erst mal genug?", werden wir immer wieder gefragt. „Nein, haben wir nicht!", stellen wir fest. Wer einmal von der Wanderlust gepackt wird, wird sie nicht mehr so schnell los. Der Entschluss, weiterzureisen, wird uns durch die Deutschlandzeit tragen und uns motivieren, Arbeit und Reisevorbereitungen für Afrika miteinander zu verbinden. Afrika ist nämlich eine kleine Herausforderung in der Vorbereitung: Wir brauchen Impfauffrischungen und vor allem müssen Visa für Nigeria und Ghana im Westen sowie für Ruanda, Uganda, Kenia und Tansania im Osten organisiert werden.

Da wir ja keine eigene Wohnung haben, kommen wir – bis unsere Zwischenmiete in Eimsbüttel frei wird – im Mehrgenerationenhaus von Nils' Großmutter Inge unter. Hier konnten wir netterweise auch den größten Teil unseres Hab und Guts unterbringen. Aber allein die drei riesigen Koffer mit Kleidung sind schon völlig überfordernd für uns, auch wenn wir uns freuen, endlich wieder mehr als die gewohnten drei bis vier Outfits zu tragen.

Worauf wir auch nicht vorbereitet sind, ist die große Aufmerksamkeit der Presse im Hinblick auf unsere Modern Work Tour. Schon ein paar Tage nach unserer Rückkehr sitzen wir im futuristischen *Spiegel*-Haus in Hamburg, wo wir zu unserer Modernen Walz interviewt werden. Wir reisen nach Berlin für ein Gespräch mit t3n (wo wir uns übrigens wieder mit Khulan von *L'hamour* aus der Mongolei treffen). Und der erste lange Artikel über die Modern Work Tour erscheint im *Business Punk.* Annas Cousin Thomas postet auf Instagram ein Foto der *Spiegel-Online-Startseite* und schreibt dazu: „Ist schon merkwürdig, seine Cousine als Titelstory eines großen Nachrichtenportals zu sehen." Frag uns mal! Das war eine völlig neue Welt für uns. Doch es ist schön, Neues in sein Leben zu lassen – auch hier in Deutschland. Denn genau das war es, was uns auf der Modern Work Tour so gut gefallen hat.

Sowieso kommt uns unsere Heimat anders vor als vor dem Arbeitsabenteuer. Bei vielen Dingen, die wir hier in Deutschland tun, wird uns noch mehr bewusst, dass es sich stets um Möglichkeiten handelt und wir selbst bestimmen, wie wir damit umgehen. Daheim und in Hamburg zu sein, ist schön. Aber das können wir jetzt von so vielen anderen Orten auch behaupten: 26 Länder haben wir beim ersten Teil der Modern Work Tour bereist. Überall haben wir Menschen kennengelernt, die Arbeit anders wahrnehmen und proaktiv gestalten wollen, um Einfluss in der Welt, im eigenen Land oder in der Gemeinschaft vor Ort zu nehmen. So viele Menschen, die es anders machen wollen und bereit sind, bestehende Systeme grundlegend zu hinterfragen. Das passiert übrigens nicht nur in der Ferne, sondern gleich vor unserer Haustür, stellen wir mal wieder fest, als uns Fabian, Gründer von *SchoolCraft,* anschreibt, nachdem er unser Interview im *Spiegel* gelesen hat. Er hat die Idee, *SchoolCraft* in ein selbst organisiertes Unternehmen zu transformieren, und sucht hierfür Begleitung.

Meet *SchoolCraft* – Deutschland

Die *SchoolCraft GmbH* ist ein familiengeführtes Softwareunternehmen in Süddeutschland. Mit dem „Worksheet Crafter" gibt das Unternehmen engagierten LehrerInnen ein Rundum-sorglos-Paket an die Hand, um spielend leicht und pädagogisch wertvoll Arbeitsblätter für den Unterricht zu erstellen. Im Firmenprofil heißt es: „Wir machen LehrerInnen die Arbeit leichter, Kids klüger und den Kapitalismus besser." Aus diesem zunächst vielleicht idealistisch klingenden Wunsch heraus entsteht bei Fabian nicht nur die Idee, sondern auch die Überzeugung, bei *SchoolCraft* in Zukunft selbst organisiert zu arbeiten. „Ich habe mich gefragt, was mit dem Unternehmen passiert, wenn wir mal 30 Leute werden", berichtet er. „Werden dann Hierarchieebenen und feste Strukturen notwendig, um die Zusammenarbeit zu koordinieren und zu bewältigen? Hierarchien tragen Entscheidungen nach oben. Genau das ist es, was ich immer vermeiden wollte", sagt er uns beim ersten gemeinsamen „Tandem Power Coaching". Und damit bringt er die denkbar beste Voraussetzung mit, um ein selbstorganisiertes Unternehmen aufzubauen.

„Ein selbstorganisiertes Unternehmen geht von einem bestimmten Menschenbild aus. Es basiert auf der Annahme, dass Mitarbeitende gute und sinnvolle Entscheidungen treffen möchten. Dass sie sich einbringen und etwas im Sinne des Unternehmens bewirken möchten", erläutert er uns. Dabei bezieht er sich auf die Sichtweise von Frederic Laloux, der das ausgesprochen eindrucksvolle Buch *Reinventing Organizations* geschrieben hat. „Gleichzeitig setzt es voraus, dass

Tandem Power Coaching mit Fabian.

die Leute nicht (nur) wegen des Geldes arbeiten. Es muss auch ein tieferer Sinn vorhanden sein. Etwas, wofür es sich lohnt, sich einzusetzen. Und genau das war bei *SchoolCraft* doch schon von Beginn an verankert. Es ist die DNA unseres Unternehmens", verrät er uns mit leuchtenden Augen und sichtlich stolz.

Um mit dem gesamten Unternehmen in eine selbstbestimmte Arbeitsweise zu gehen, helfen die drei großen Ziele in der Vision von *SchoolCraft*: (1) LehrerInnen bei ihrer täglichen Arbeit zu unterstützen, (2) weltoffene Kinder mit einem Verständnis für menschliche Vielfalt zu entwickeln und (3) GründerInnen eine Inspiration für die Arbeitswelt zu geben. Genau das ist es, wofür die Mitarbeitenden von *SchoolCraft* brennen. Es hilft ihnen dabei, dass alle im Unternehmen ihr volles Potenzial entfalten können – selbstbestimmt und verantwortungsvoll. Denn: „Wie weit man bei dieser Potenzialentfaltung geht, legt jeder für sich selbst fest, und zwar immer wieder aufs Neue. Die einen möchten vielleicht nicht sooooo viel entscheiden. Andere würden aber am liebsten Berge versetzen. Beides soll möglich sein", so Fabian. Diesen mutigen Schritt zu gehen, erfordert, dass Fabian sich ausreichend Zeit nimmt, um seine Gedanken zu sortieren und vor allem Sicherheit für das Vorhaben zu finden. Das ist unter anderem Thema in unserem Coaching. Nach knapp einem Jahr startet er mit der „Selbstorgerei", wie die Transformation bei *SchoolCraft* liebevoll genannt wird.

Im ersten Schritt möchte er seine Leute bei einem Teamtreffen in Italien über seine Vorstellung informieren und für sein Vorhaben begeistern. „Das war ein sehr aufregender Moment für mich, da ich ja nicht wusste, ob ich die Idee gleich wieder auf dem Grund des Comer Sees versenken würde", lächelt

Zurück in Deutschland gibt es viele Presse-anfragen. Hier sind wir beim Interview im Spiegel-Haus in Hamburg.

er heute bei der Erinnerung daran. „Und wieder einmal hat mich unser Team überrascht. Ja, wir hatten eine sehr intensive Diskussion beim Teamtreffen am Comer See. Bis spät in die Nacht hinein. Es stand sehr schnell fest, dass die Begeisterung für die Idee da ist. Und nicht nur ein wenig, sondern richtig heftig!"

Im zweiten Schritt hat sich das Team dann zusammengesetzt, um eine Art Fahrplan für die Transformation zu entwickeln. Die Idee von Laloux besteht darin, einen zentralen Beratungsprozess zu erarbeiten, damit die Mitarbeiten-den dann auch selbstbestimmt Entscheidungen treffen und im Unternehmen handeln können. „Der Beratungsprozess ist das Herzstück der Selbstorgani-sation", sagt Fabian. Dann ergänzt er: „Es erstaunt mich noch immer, welchen Einfluss es auf die Denkweise im Unternehmen hat, wenn man sich Rat für seine Ideen einholt – das ist etwas sehr Wertvolles."

Der dritte Schritt sieht vor, die Prozesse weiter zu etablieren und im Un-ternehmen lebendig zu machen. Dafür haben sich alle bei *SchoolCraft* quasi auf den Hocker gesetzt, um Titel ab- und Rollen festzulegen. Was genau damit gemeint ist? „Man kann sich eine Rolle vorstellen wie einen Hocker, auf den man sich setzen kann", erklärt Ro auf dem Blog von *SchoolCraft*. Denn in je-der Rolle wird man von drei Beinen getragen – Verantwortung, Aufgabe und Kompetenz. Dazu schreibt Ro: „Wenn eine Aufgabe nicht alle drei Beinchen hat, dann ist es meistens keine Rolle." Wenn es keinen Chef oder keine Team-leitung gibt, ist ein selbstorganisiertes Unternehmen auf möglichst nachvoll-ziehbare und klare Rollenbeschreibungen angewiesen, um sich bei Fragen und Ideen an den richtigen Ratgebenden zu wenden. „So sind die Personen, die bei uns die jeweiligen Rollen innehaben, tatsächlich auch diejenigen, die

Wir freuen uns, unsere Expertise zu teilen und andere mit unserer Modernen Walz zu inspirieren.

sich am besten mit dem Thema auskennen", erklärt Ro. Rollen geben bei *SchoolCraft* einerseits Orientierung bei der Übernahme von Verantwortung, indem über die eigenen Kompetenzen und Interessen gesprochen wird. Andererseits tragen sie zu einer klaren Aufgabenverteilung bei, denn „man kann schwierige Rollen miteinander teilen und es bleiben keine Aufgaben liegen".

Damit bei *SchoolCraft* Aufgaben verantwortungsvoll übernommen werden können, müssen auch alle dazu befähigt werden, Entscheidungen fällen zu können. „Dafür bekommt man nach einer gewissen Einarbeitungszeit auch eine Vollmacht und unsere Selbstorganisation-Verfassung", verrät uns Berenike. Sie liebt es, darüber nachzudenken, wohin sich *SchoolCraft* weiterentwickeln kann. Berenike erklärt: „Es handelt sich bei der Verfassung um ein zweiseitiges Dokument, in dem wir die rechtlichen Rahmenbedingungen unserer Philosophie festhalten. Da steht drin, was wir mit *SchoolCraft* machen wollen, aber auch, was wir nicht möchten." Es sind gewissermaßen Schutzplanken und Sicherheitsbegrenzungen, denn nach der Unterzeichnung dieser Vollmacht können alle im Team Verträge abschließen.

Dadurch rückt wieder der Beratungsprozess ins Zentrum des Vorgehens: „Weil wir Entscheidungen, deren Ausgang andere im Team betreffen, nicht allein angehen, muss ich mir von mindestens zwei Personengruppen einen Rat dazu einholen: (1) Personen, die von meiner Entscheidung am direktesten betroffen sind, und (2) Personen, die auf diesem Gebiet die größte Expertise haben." Das A und O stellt dabei das ehrliche, konstruktive Feedback der Beratenden dar. „Es ist wichtig, dass ich mich darauf verlassen kann, ehrliches Feedback aus dem Team zu bekommen", betont Berenike. Daran sieht man sehr schön, wie wichtig transparente Kommunikation über Projekte im

Unternehmen ist. Jeder ist dafür verantwortlich, ob ein Vorhaben gelingt. Denn am Ende entscheidet man selbst.

„Mir ermöglicht die Selbstorga, dass ich wieder meiner Lieblingsbeschäftigung nachgehen kann – nämlich mir nachts um drei verrückte Ideen einfallen zu lassen, was man im Bereich Bildung und Unternehmertum noch alles verändern könnte", freut sich Fabian. Dabei wird klar, dass der Weg von *SchoolCraft* noch lange nicht beendet ist und aus dieser besonderen Form von Unternehmensführung viele neue Ideen für Modernes Arbeiten entstehen können.

Modern-Work-Prinzip:
Selbstbestimmung und Verantwortung

Das Recht auf freie Persönlichkeitsentfaltung ist ausdrücklicher Bestandteil unserer Rechtsordnung und ein zentraler Gedanke der Menschenrechte. Es bedeutet, dass wir die Freiheit haben, unser Leben nach unseren eigenen Vorstellungen zu gestalten und darüber selbstbestimmt zu entscheiden. In Deutschland weiß das eigentlich jeder und genießt dieses Privileg auch. Merkwürdigerweise ist unsere Arbeitswelt aber ganz anders geprägt: Steuerung und Kontrolle bestimmen häufig unseren Berufsalltag. Daher ist es auch nicht verwunderlich, dass Menschen zunehmend unzufriedener sind. Aus dieser Unzufriedenheit erwächst bei vielen der Wunsch, in ihrer Tätigkeit über **mehr Freiheit und Selbstbestimmung** zu verfügen, was uns zum entsprechenden Modern-Work-Prinzip führt.

Bei *SchoolCraft* erhalten die Mitarbeitenden die Möglichkeit, sich selbst entfalten und daran wachsen zu können. Das klingt verlockend, fast paradiesisch. Es ist aber auch mit der Bereitschaft verbunden, in eine aktive Auseinandersetzung zu gehen. Denn: **Wer selbstbestimmt arbeiten will, muss bereit sein, Verantwortung zu übernehmen.** Verantwortung wird in der Regel aber nur übernommen, wenn darin eine Bedeutsamkeit erkannt wird. Deswegen braucht es auch ein klares WARUM – sowohl bei den Mitarbeitenden als auch im Unternehmen. *SchoolCraft* zieht das eigene WARUM aus den Zielsetzungen der Vision: verantwortlich dafür zu sein, dass sich die nächste Generation zu weltoffenen und toleranten Bürgern entwickelt. Das würde wahrscheinlich jeder gerne bei der Berufsbeschreibung von sich behaupten können. Was in der Diskussion und manchmal auch in der Forderung nach Freiheit vergessen wird, ist die Arbeit, die dahintersteckt. **Selbstbestimmung funktioniert nur,**

In Wien lernen wir auf unserer Modern Work Tour spannende New-Work-Unternehmen kennen.

wenn man proaktiv ist und sich mit sich selbst und anderen auseinandersetzt. Das geht mit einer Reflexions- und Kritikfähigkeit einher, weshalb auch die interne Kommunikation bei *SchoolCraft* enorm wichtig ist. Gemeinsam wird überlegt: „Wie möchten wir uns Feedback geben? Wie gehen wir mit Konflikten um? Und wie schaffen wir es mit unserem Unternehmen, das zu tun, was wir wollen?" Deswegen wird bei *SchoolCraft* viel und offen geredet – und das immer und immer wieder. „Für mich bedeutet das, immer wieder darauf hinzuweisen, dass das Mitdenken und Kritisieren ausdrücklich erwünscht ist. Und dass mein Wort kein größeres Gewicht als das der anderen hat", beschreibt Fabian eine Herausforderung bei der Selbstorganisation. Damit wird auch klar: **Selbstbestimmung ist aufwendiger als das gängige „Command and Control".** Lohnt es sich trotzdem? Wir denken: schon! Denn es bedeutet: **Wir können selbstbestimmt als Menschen wirksam werden** und nicht nur als eingeplante Ressource funktionieren, indem wir bestimmte To-dos abarbeiten. Wir sind es besonders beim Arbeiten häufig gewohnt, in Verboten und Begrenzungen zu denken. Deshalb kommt es uns fast schon komisch vor, wenn das nicht mehr der Fall ist.

Selbstbestimmung braucht Gewohnheitsbildung im Unternehmen. Das kostet allerdings Zeit, denn Gewohnheitsbildung muss schrittweise erlernt werden. Bei *SchoolCraft* muss beispielsweise darauf geachtet werden, dass die Teams nicht aus Gewohnheit in basisdemokratische Entscheidungsfindungen zurückfallen, was häufig unbefriedigend und ineffektiv ist. Dafür braucht man einen langen Atmen, eine ordentliche Portion Zuversicht und grundlegendes Vertrauen in sich selbst und in andere. **Daher ist Selbstbestimmung auch nichts für Feiglinge.** Es geht darum, im Spannungsverhältnis von Freiheit und Verantwortung agieren zu lernen und die Ambiguität darin auszuhalten. Hierfür braucht es Begleitung bei der Auseinandersetzung, um eine gute Balance entwickeln zu können, um Freiheit zu nutzen und Verantwortung zu übernehmen.

Was wir an Erfahrungen mitnehmen

In einem Gespräch mit einer Freundin über Freiheiten und Träume hören wir: „Ach, was erzähle ich euch – ihr habt euch ja mit der Modernen Walz schon verwirklicht." Ja, haben wir! Aber damit hört die Verwirklichung für uns ja nicht auf. Im Gegenteil: Es entwickeln sich wiederum neue Ziele und Träume, die Teil der Selbstverwirklichung werden und nur entstehen konnten, weil wir unseren Weg aktiv und selbstbestimmt gehen. „Wie schafft ihr das denn alles?", werden wir, zurück in Deutschland, häufiger gefragt. „Indem wir unsere Ziele und Träume planen, umsetzen und immer wieder kritisch überprüfen. Je selbstbestimmter wir es schaffen, an unseren Projekten zu arbeiten, desto mehr können wir den Alltagstrott ablegen und uns dem widmen, was wir wirklich, wirklich wollen."

Vielleicht hemmt viele hier auch die berüchtigte „German Angst", in der mehr auf unbefriedigende Sicherheit gesetzt wird, als mutig und selbstbestimmt das zu tun, was den Puls höherschlagen lässt. Wir haben uns beispielsweise dafür entschieden, dass wir ein Unternehmerpaar sind. Für uns bedeutet das, dass wir Unternehmungen durchführen, in denen wir etwas wagen, in die wir investieren – wie beispielsweise die Modern Work Tour. Wir wollen im besten Sinne des Wortes umtriebig sein und uns nicht auf dem ausruhen, was bereits geschafft wurde.

Wenn ein Stein ins Wasser fällt, zieht er kreisförmige Wellen, die sich ausbreiten. Ähnlich geht es uns mit der Selbstbestimmung: Je mehr spannende Projekte und mutige Schritte wir gehen, desto leichter fällt es uns, neue Wege einzuschlagen. Je bewusster wir uns für eine Lebensart entscheiden, desto klarer können wir ihr nachgehen.

Unser Aufbruch nach Afrika ist genau einer dieser mutigen Schritte. Wir sind erst seit Kurzem zurück in Deutschland – und dennoch geht es bereits wieder los. „Ist es vielleicht etwas leichtsinnig?", fragen wir uns. Doch dann denken wir an die Bereicherung des ersten Teils der Modern Work Tour und sind überzeugt, den richtigen Entschluss gefasst zu haben. Wir haben uns selbst die Möglichkeit geschaffen, unserem Wunsch nachzugehen und die Weiterreise umzusetzen. Besonders nach der ersten Reise spüren wir aber auch die Verpflichtung uns selbst gegenüber, das wirklich zu tun. Ja, wir fühlen uns tatsächlich selbstbestimmt – aber auch nur, weil wir es schaffen, uns für unseren Wunsch einzusetzen. Denn von allein passiert das natürlich nicht.

Selbstbestimmung, so stellen wir immer wieder fest, braucht auch jede Menge (Selbst-)Disziplin, um an den eigenen Themen hartnäckig dranzubleiben. Viel zu groß ist die Kraft des Alltags, die eigenen Ambitionen wieder von der Oberfläche verschwinden zu lassen.

REFLEXION

FRAGEN ZUM PRINZIP: SELBSTBESTIMMUNG UND VERANTWORTUNG

- Wie selbstbestimmt bist du in deiner Arbeit und deinem Leben?

- Welche Dinge würdest du künftig gerne genau so machen, wie du sie für richtig hältst?

- Wie kann es dir gelingen, noch mehr Eigenverantwortung zu übernehmen, sodass du selbstbestimmter arbeiten kannst?

- Auf welche Weise kannst du ganz konkret durch mehr Selbstbestimmung deine eigene Wirksamkeit spürbar erhöhen?

- Was kannst du aus den aufgezeigten Beispielen in diesem Kapitel für deine eigene Arbeit ableiten?

Lernen und Wissen teilen

Hamburg – Deutschland

Accra – Ghana

Kumasi – Ghana

Die Modern Work Tour startet erfolgreich in Afrika. An der Westküste Afrikas erleben wir interessante Interviews, Workshops und Wissensaustausche.

Dakar – Senegal

Lagos – Nigeria

Wir erleben viel Neugierde und Begeisterung für neue Ansätze der Arbeit. Der afrikanische Kontinent zieht uns direkt in seinen Bann.

W ir sind tatsächlich hier!" Das vergegenwärtigen wir uns immer wieder, denn endlich hat der zweite Teil unserer Modern Work Tour begonnen. In Afrika werden wir insgesamt acht von neun geplanten Ländern bereisen, bevor die COVID-19-Pandemie uns erst wochenlang auf einer Farm in Namibia festsetzt und wir dann in einer Rückholaktion der Bundesregierung wieder nach Deutschland gebracht werden.

Für uns ist der afrikanische Kontinent schon seit vielen Jahren ein Sehnsuchtsort, der uns immer lauter ruft und in den Bann zieht. Es steht ein Mix aus Arbeitstreffen und Reiseabenteuer an und wir sind endlich wieder „on the road". Und dieses Mal hören wir noch viel häufiger Einwände wie „Seid ihr euch wirklich sicher?" oder „Ist das nicht viel zu gefährlich?". Das irritiert uns ein wenig. Wir haben doch schon beim ersten Teil der Modern Work Tour gezeigt, dass es erst mal keinen Grund zur Sorge gibt, oder? Okay, auch wir hatten nur eine vage Vorstellung davon, wie Afrika für uns werden würde. Was würden wir erleben? Wäre es sehr anders im Vergleich zu den vorherigen Erfahrungen? Dass wir noch keine Antworten auf diese Fragen haben, spornt uns nur noch mehr an, endlich wieder loszufahren, was wir im November 2019 dann auch tun.

Unser Tor nach Afrika ist Dakar im Senegal. Es erscheint uns wie ein sanfter und entspannter Einstieg in den Kontinent: Seit 2015 benötigen EU-Bürger kein Visum mehr für den Senegal, was das Land zum Favoriten für die erste Etappe unserer neuen Modern Work Tour macht.

Auf der ersten Tour haben wir erlebt, wie wichtig es ist, uns die Zeit zu nehmen, an einem neuen Ort anzukommen und sich erst mal zu akklimatisieren. Dazu gehört für uns, dass wir eine angenehme und schöne Unterkunft haben. Aus genau diesem Grund buchen wir über Airbnb eine traumhafte Rooftop-Unterkunft, die mehr Dachterrasse als geschlossenen Wohnraum hat. Auf dieser Dachterrasse starten wir den Tag mit Tee und einem herrlichen Blick über den Atlantik. Während wir vormittags unter dem Sonnendeck arbeiten und überwiegend Projekte in Deutschland betreuen, zieht es uns am Nachmittag in die Straßen und Gassen von Dakar. Zwei Sessions werden wir hier haben und erfahren von Maty, die im *ImpactHub* Dakar Projekte koordiniert, dass sie die Gemeinschaft und den Zusammenhalt als wichtigste Grundlage für die Weiterentwicklung im Land sieht.

Als Nächstes geht es dann nach Lagos in Nigeria. Das Land, vor dem wir am meisten gewarnt wurden. Ein Freund rät uns ernsthaft, – wenn überhaupt – nur in die Hauptstadt nach Abuja zu reisen. Da wäre es noch einigermaßen erträglich und sicher. Auch wenn wir es nicht wollen, zeigen diese Warnungen

Nike hat die größte
Kunstgallerie
der Westküste
Afrikas aufgebaut
und steht uns
im Interview Rede
und Antwort.

ihre Wirkung: Beim Anflug auf das nächtliche Lagos wird uns dann doch etwas mulmig. Wie sich herausstellt, ist das völlig unbegründet. Zwar ist der Einstieg ins Land etwas anstrengend, weil wir über eine Stunde für ein Taxi anstehen. Doch gefährlich finden wir es hier nicht. Als wir am nächsten Tag eine neue SIM-Karte auf dem Handy aktivieren, bewegen wir uns problemlos mit Uber durch die Stadt. Das liegt unter anderem auch daran, dass die Leute hier besonders auf uns aufpassen: Man bringt uns bis zum Wagen oder wartet, bis das Uber da ist. Auch die Uber-Fahrer sind ausgesprochen höflich und achten stets darauf, dass wir auch sicher an Ort und Stelle ankommen.

Lagos ist die größte Stadt Nigerias. Mit über 14 bis 22 Millionen Einwohnern (so genau kann das keiner sagen) gilt Lagos auch als größte Stadt Afrikas. Hier ist es nie ruhig und auch wir können zwei Nächte in Folge nicht schlafen: Unsere Unterkunft liegt direkt an einer sechsspurigen Straße. Von hier dröhnen im Durchschnitt 80 bis 100 Dezibel zu uns ins Zimmer. Das ist in etwa so, als ob ein Lastwagen direkt durch das Zimmer rollt oder die ganze Nacht der Fön eingeschaltet neben dem Kopfkissen liegt. An Schlaf ist nicht zu denken. Auch Coachings per Video sind ausgeschlossen und unsere anstehende digitale Key-Note zum Thema „New Work" würde so ein Desaster werden.

Als wir eine neue Unterkunft finden und unserem Gastgeber die Entscheidung mitteilen, reagiert er erstaunlich gelassen: „Hey, wir wollten nur eine Weile zusammenwohnen und nicht gleich heiraten", zuckt er mit den Achseln und bietet uns zum Abschied noch ein Glas Rotwein an. Wir beenden die Untermiete mit einem lebendigen Gespräch übers Reisen und der erneuten Erfahrung, dass es in Ordnung ist, sich umzuentscheiden. Besonders nach unserer Deutschlandzeit merken wir, dass wir diese Gelassenheit beim Reisen viel mehr ausleben können.

Die Gelassenheit brauchen wir aber auch. Die Stadt ist mit ihrem nie abnehmenden Verkehr und den wahnsinnig vielen Menschen eine Metropole der Herausforderung. „Lagos is the heartbeat of Africa", hören wir hier immer wieder. Und ja – auch wir sind stark beeindruckt von der Energie vor Ort, den wunderschönen farbenfrohen Kleidern, der Lebendigkeit und der Geschwindigkeit der Stadt. Man kann sich gar nicht sattsehen – und nirgends bleibt der Blick wirklich hängen, denn schon gibt es etwas Neues zu entdecken.

Das Durchschnittsalter in Afrika liegt bei unter 20 Jahren, in Nigeria sogar nur bei 18 Jahren. In Europa dagegen sind die Menschen im Schnitt 49 Jahre und in Deutschland 45 Jahre alt. Das ist mehr als doppelt so alt! „Teenie trifft auf Goldie", könnte man sagen. Kein Wunder, dass wir Lagos als die energetisierendste Stadt unseres Arbeitsabenteuers kennenlernen. Die Menschen schlafen häufig nur vier Stunden, da so viel zu tun ist. Jede Person, mit der wir hier arbeiten, hat nebenbei noch mindestens ein soziales Projekt oder Ehrenamt. Uns macht diese Geschwindigkeit schwindelig, einzig die ewig langen Fahrten im Uber in der ständigen Rushhour bringen ironischerweise etwas Ruhe. Zwei Stunden im Stau stehen ist hier Alltag – und das pro Weg.

Die *Nike Art Gallery* in Lagos ist die größte in Westafrika. Sogar eine Straße ist nach ihr benannt. Auf vier Etagen findet sich feinste afrikanische Kunst unterschiedlichster Stilrichtungen. Zu unserer großen Freude laufen wir auch gleich der Inhaberin Nike in die Arme. Sie ist eine „Grande Dame" Afrikas, mit der wir im Interview darüber sprechen, wie sie KünstlerInnen unterstützt und miteinander vernetzt. Ihr großes Anliegen ist es, dass die KünstlerInnen sich besser austauschen, mehr voneinander lernen und sich erfolgreicher auf dem Kunstmarkt positionieren können. „Africa is full of energy and creativity", erzählt sie uns, während wir über das Potenzial des afrikanischen Kontinents sprechen. Nike sieht in der Kreativität des immer fortschrittlicher werdenden Afrikas die größte Stärke für die Zukunft.

Auch Adewale, Gründer von *Techpoint Africa* in Lagos, sieht enormes Potenzial in Afrika: „Viele Entwicklungsstufen werden hier gerade übersprungen, auch ‚Leapfrogging' genannt: Statt Festnetztelefone haben wir direkt Smartphones, statt einer Kreditkarte direkt mobile Payment und mobile Daten haben

> Unter **LEAPFROGGING** wird das Auslassen von Entwicklungsstufen verstanden. Es ist ähnlich wie bei einem Frosch, der große Sprünge schafft. Dabei werden Entwicklungssprünge gemacht, die Prozesse enorm verkürzen können.

meistens deutlich mehr Speed als die WiFi-Router." Stimmt, stellen wir fest, da es in den Unterkünften meistens ein Pocket-WiFi gibt. Das ist viel praktischer, denn man kann es einfach in der Tasche mitnehmen und ist überall online!

Hier ist so viel los, ein Kontinent im Aufbruch! Trotz aller Bedenken ist es genau richtig, in Afrika zu sein. Und dennoch schweifen unsere Gedanken zurück nach Deutschland und Europa und wir fragen uns: „Wie findet Entwicklung eigentlich in den Unternehmen in Deutschland statt?" Qualität und ein hoher Standard – das zeichnet Deutschland aus. Darin sind wir richtig gut. Wie wir in vielen Ländern auf unserer Modern Work Tour erleben, wird das weltweit hoch geschätzt und anerkannt. Entwicklungssprünge oder sogar Leapfrogging entstehen so aber kaum.

DISRUPTIVE INNOVATION findet Problemlösungen auf ganz neue Weise und kann etablierte Branchen durchbrechen. Der Schlüssel dazu sind kreative Lösungsansätze und ein „Out of the box"-Denken. In der Regel werden disruptive Innovationen von branchenfremden Unternehmen hervorgebracht. Mit ihrem frischen Blick können sie die vermeintlichen Limitierungen der Branche einfach überwinden. Das Ergebnis ist häufig eine deutlich vereinfachte Nutzung, mit gleichzeitig besseren und schnelleren Möglichkeiten für die KundInnen. Vor allem einflussreiche Plattformen sind dadurch entstanden, wie zum Beispiel Airbnb mit einer weltweiten Auswahl an Unterkünften.

„Wie verändert man etwas, worauf man als Nation stolz ist?" Afrika regt uns an, uns diese Frage zu stellen. Hier muss häufig aufgrund der Umstände anders gedacht werden, alternative Lösungen müssen gefunden und es muss flexibel agiert werden. Lagos ist ein hochinteressanter Tummelplatz, um disruptiv Innovationen und Erneuerungen hervorzubringen. Davon könnten wir uns in Deutschland ruhig eine Scheibe abschneiden.

Am hilfreichsten ist es, mit den vorhandenen Mitteln herauszufinden, was funktioniert und wie Herangehensweisen anders und neu gedacht werden können. „Creative Smartness" nennen wir diese Fähigkeit und werden sie auf der Modern Work Tour in Afrika am laufenden Band erleben. In einem Workshop in Kampala (Uganda) bricht beispielsweise die Aufhängevorrichtung für das Flipchartpapier ab. Sofort werden Ideen ausgetauscht und die beste setzt sich direkt durch. Fünf Minuten später funktioniert das Flipchart durch eine raffinierte Kabelbindung wieder einwandfrei. Vielleicht sieht es nicht mehr so chic aus wie zuvor, doch das Flipchart ist voll funktionsfähig und der Workshop kann weitergehen. Das ist sowohl nachhaltig als auch clever und kann ganz klar als eine MacGyver-Aktion verbucht werden.

Meet *Magic Carpet Studio* – Nigeria

Hast du schon mal einen Animationsfilm „made in Africa" gesehen? Wir zugegebenermaßen nicht. „Warum eigentlich?", fragen wir uns und stellen fest, dass wir stark von Disney, Pixar und Co. geprägt sind. Doch das ändert sich in Lagos: Ein Highlight ergibt sich, als wir *Magic Carpet Studio* besuchen. Das Unternehmen hat sich auf authentische afrikanische Geschichten spezialisiert. Ziel ist, das Walt Disney Afrikas zu werden. Hier dürfen wir nicht nur exklusiv erste Ausschnitte aus dem neuen Projekt *Super Dad* sehen, sondern wir lernen auch die Denker und Macher dahinter kennen. An diesem Ort professioneller Kreativität entsteht – wie es der Unternehmensname bereits verrät – Magie: „Wir wollen unsere eigenen Narrative erzählen und aufzeigen, dass in Afrika die Wiege von Kunst und Kultur liegt", erzählt uns Matthew mit leuchtenden Augen. Im Interview fragen wir nach, was beim Modernen Arbeiten für das Team von *Magic Carpet Studio* der wichtigste Aspekt ist. „Unser Wissen intern zu teilen, da wir nicht für jede Aufgabe eine Person haben und sich unsere Branche so schnell entwickelt", sagt Matthew. Wir erfahren, dass es hier einmal pro

Viel Spaß haben wir beim Interview mit Magic Carpet Studio.

Woche feste Wissensformate gibt, in denen mit- und voneinander gelernt wird. Dabei werden sowohl Herausforderungen gemeinsam diskutiert als auch neu erworbenes Wissen geteilt. Nebenbei gibt es unter der Woche immer wieder spontane Meetings, in denen Wissen zu konkreten Fällen ausgetauscht wird. „Wir wollen innovativ bleiben", sagt uns Ferdy, Gründer und Geschäftsführer von *Magic Carpet Studio*. Er macht deutlich: „Wissensaneignung ist in einer sich immer schneller entwickelnden Welt ein wichtiger, fortlaufender Prozess!"

Das Team ist hungrig auf mehr, das merken wir. Es hat Lust, seine Arbeit zu präsentieren, sich der Welt zu zeigen und auch die Sicht auf Afrika zu ändern. „We are so much more than just a poor continent", wird uns gesagt. Auch für uns beginnen die Bilder, die über Afrika gelegt werden, zu verschwimmen. Hier gilt mal wieder: selbst hinfahren und sich dem Unbekannten einfach mal zuwenden. Aber aufgepasst, es könnte die eigene Sichtweise nachhaltig verändern! Und wieder fragen wir uns, welches Potenzial in Afrika steckt. Ist Afrika das neue Asien? Wohin wird es sich im Vergleich zu China und den USA entwickeln? Alle Menschen, die wir in unseren 48 Sessions der Modern Work Tour in Afrika treffen, glauben fest an den eigenen Kontinent und dessen Zukunft – trotz Klimawandel, Armut und Korruption. Natürlich tun sie das! Es ist ein Kontinent voller Energie, Kreativität und dem Wunsch nach ehrlicher Anerkennung. Und die technologische Entwicklung nimmt gerade erst richtig Fahrt auf. Die Neugierde auf Technologie ist nach China hier am stärksten ausgeprägt.

Und noch etwas fällt uns hier auf und wir hören es auch im Interview mit *Magic Carpet Studio:* Es wird selbstbewusst über die eigenen Fähigkeiten gesprochen. Statt (falscher) Bescheidenheit zeigen die Entwickler und Designer, was sie können, und sind stolz darauf. Eine gerechtere Welt und Chancengleichheit entsteht für sie über die Aneignung von Wissen. In ihrem Berufsalltag erleben sie, wie schnell Entwicklung möglich ist und dass sich globale Türen öffnen, wenn gemeinsam die Kräfte gebündelt werden. Das spornt natürlich an. Das Teilen des gemeinsamen Wissens wird bei *Magic Carpet Studio* dabei zum Kern des eigenen Antriebs: „We learn fast and often and develop even faster as a company." Entwicklung beschleunigen durch Fokus auf Lernen und Wissensaustausch – das gefällt uns als Lernexperten natürlich sehr gut.

Modern-Work-Prinzip:
Lernen und Wissen teilen

Wissen, so werden wir hier in unserem Ansatz bestätigt, vermehrt sich ebenso wie Glück, wenn es geteilt wird. Voneinander zu lernen, bedeutet, dass bereits vorhandenes Wissen für andere zugänglich und – noch viel wichtiger – nutzbar gemacht wird. Bei *Magic Carpet Studio* zeigen sich zwei grundlegende Ausgangssituationen des Lernens: Notwendigkeit und Neugierde. **Notwendigkeit zum Lernen entsteht, wenn mit dem bestehenden Wissen den Herausforderungen nicht zufriedenstellend begegnet werden kann.** Dann wird zusätzliches Wissen gebraucht, um Aufgaben erledigen zu können. **Neugierde fürs Lernen trägt dazu bei, das Potenzial im Neuen zu sehen und zu nutzen** – für sich selbst und für andere. Das Interesse, mehr wissen zu wollen und dadurch für mögliche Herausforderungen in der Zukunft besser gewappnet zu sein, lässt uns quasi „vorlernen". Werden beide Aspekte des Lernens im Unternehmen aktiv gelebt und gefördert, entsteht eine gemeinsame Lern- und Wissenskultur. Das Bewusstsein um das Potenzial des Lernens intensiviert sich und Unternehmen werden zu lebendigen Organisationen im Spannungsfeld stetiger Veränderung. **Wissen festigt sich dann, wenn Wissensaustausch zur gelebten Praxis wird,** wie bei *Magic Carpet Studio*.

In unserer Arbeit unterscheiden wir drei grobe Ebenen, wenn es um Lernprozesse und interne Wissensvernetzung geht:

1. **EINZELPERSONEN,** die intrinsisch motiviert selbst lernen und sich neues Wissen aneignen.

2. **GRUPPEN,** die miteinander ihr Wissen austauschen und sich gegenseitig im Lernprozess begleiten und unterstützen.

3. **UNTERNEHMEN,** die die Rahmenbedingungen dafür schaffen, dass Wissen leichter geteilt werden kann und damit Lernen nachhaltig verankert wird.

Im Idealfall findet auf allen drei Ebenen Lernen statt. Das trägt dazu bei, dass Weiterentwicklung aktiv gelebt wird und echte Wissensvernetzung entsteht. Eine Wissenskultur, so kennen wir es aus vielen Beispielen in deutschen Unternehmen, ist dabei noch lange keine Selbstverständlichkeit. Wie auch? Lange Zeit wurde Neugierde als Sünde verstanden, die dazu führte, dass Pandora die Büchse öffnet. Immer wieder lernen wir Unternehmen kennen, in denen das Teilen von Wissen indirekt unterbunden oder zumindest erschwert wird: „Die Arbeit geht vor!" oder „Wir haben keine Zeit dafür!", heißt es dann. Meistens fragen wir nach: „Geht die Arbeit denn immer vor oder wann gibt es Zeit für bewusste Lernphasen?" Natürlich muss, das wissen auch wir, der laufende Betrieb funktionieren. Aber dennoch: **Wer keine Zeit für neues Wissen investiert, wird die Herausforderungen von morgen mit dem Wissen von gestern nicht meistern können.** Wenn Unternehmen auf Weiterentwicklung setzen, ebnen sie den Weg für ihre Zukunft.

In Modernen Arbeitskontexten wird regelmäßig darüber reflektiert, wie die Zusammenarbeit läuft und was gelernt wurde. In sogenannten Retrospektiven, also Reflexionsmeetings, wird der Fokus auf das Team und die Arbeitsweisen gelegt. Dadurch kann schneller herausgefunden werden, wie Wissen im Team geteilt wurde und wo weiterer Bedarf besteht. **Regelmäßig Wissenslücken aufzudecken, bedeutet, diese auch regelmäßig schließen zu können.**

Häufig wird die Notwendigkeit weiterzulernen als Versagen des bisherigen Wissens oder sogar als Inkompetenz verstanden. Dabei wird vergessen, dass **Lernen und Weiterentwicklung ein lebenslanger Prozess sind,** der verstärkt benötigt wird, je schneller Arbeitskontexte sich verändern. Die Büchse der Pandora enthält also Zuversicht, Erkenntnis und Werkzeuge, um Gefahren zu begegnen. Wenn man sie nicht öffnet, wird all das unentdeckt bleiben.

Immer wenn Wissen geteilt wird, werden neue Brücken geschlagen und innovative Herangehensweisen entstehen. Genauso erleben wir es bei *Pricewaterhouse Coopers (PwC)* in Lagos. Hier hat das Topmanagement beziehungsweise der Vorstand festgestellt, dass die Führungskräfte zu weit weg vom Wissen der jungen Mitarbeitenden sind. Um Trends besser nachzuempfinden und darauf reagieren zu können, wurde das „NextGen Counsel" ins Leben gerufen. Hier erhalten junge Mitarbeitende die Gelegenheit, beratend bei den Vorstandstreffen mitzuwirken und sich mit dem Topmanagement auszutauschen. Wir erfahren in unserem Gespräch mit Andrew, der im Topmanagement bei *PwC* sitzt, dass so der Wissensaustausch hierarchieübergreifend zugenommen hat. „Jede Generation bringt anderes Wissen mit an den Tisch", sagt er. **Es geht darum, zu überlegen, wie das Wissen am besten vernetzt werden kann.** Bei *PwC* ist es unter anderem das „NextGen Counsel", bei *Magic Carpet Studio* sind es die regelmäßigen Lernformate. Jedes Unternehmen sollte sich Gedanken machen, wie das Lernen und damit das Teilen von Wissen gut gelingen kann und wie es am besten zu den Mitarbeitenden passt. Denn Lernen ist auch immer Beziehungsarbeit.

Was wir an Erfahrungen mitnehmen

Selbst Wettbewerbsnachteile, wie das geringere Budget bei *Magic Carpet Studio* gegenüber anderen Animationsunternehmen auf der Welt, können durch intensives Nutzen der vorhandenen Möglichkeiten aufgefangen werden. Der volle Fokus auf das gemeinsame Potenzial und die Stärkung der Wissenskultur führen dazu, dass sich Unternehmen schneller weiterentwickeln. Lernen und Wissensvernetzung hat dabei nichts mit dem Budget zu tun, sondern mit Engagement und Willen: Es kostet nicht zwangsläufig Geld, sondern vor allem Zeit, sich bewusst auf intensive Wissensvernetzung einzulassen. Hierfür muss der Mehrwert klar verstanden und transparent gemacht werden. Zudem müssen passende Parameter gesetzt werden. Genau das ist es, was auch wir auf unserer Modernen Walz machen: Neues lernen und unser Wissen mit anderen teilen. Deswegen sind wir wieder losgezogen und haben bewusst in die Reise und damit in uns selbst investiert.

Damit es noch besser gelingt, das bereits vorhandene Wissen intern zu verbreiten, sollten Unternehmen sich neben dem WARUM auch noch mehr mit dem WIE der Wissensvernetzung beschäftigen: Haben die Wissensträger genug Expertise, ihr Know-how als Multiplikatoren konstruktiv weiterzugeben?

Nicht jeder Fachexperte ist auch gut darin, sein Wissen zu teilen. Es kann hilfreich sein, sich Inspiration und Methodenwissen von extern zu holen. Und mal ehrlich: Wäre es denn schlecht, wenn die Lernbereitschaft im Unternehmen steigt? Wichtig ist nur, dass das Wissen auch im Unternehmen bleibt. Wer auf das „Enabling", also auf das Befähigen von MultiplikatorInnen setzt, beschleunigt den Prozess und vergrößert die Reichweite. Auch wir intensivieren unsere Weiterentwicklung auf der Modern Work Tour. Überall erhalten wir neue Einblicke, besprechen gemeinsam Herausforderungen und erleben, was in unserer Arbeit vor Ort gut funktioniert – oder eben auch nicht. Das macht uns jedes Mal wieder ein bisschen besser für die nächsten Sessions und für den Rest unseres Lebens.

Wer sein Know-how teilt, erlernt die Kompetenz der Wissensweitergabe und wird so zur Lernbegleiterin oder zum Lernbegleiter anderer. Und ja, das bedeutet, Geld und Zeit zu investieren. Denn was wäre, wenn? „Was passiert, wenn wir in die Weiterentwicklung unserer Mitarbeitenden investieren und die verlassen dann unser Unternehmen?", fragt der CEO. Die Head of People antwortet: „Was ist, wenn wir nicht investieren und die Mitarbeitenden bleiben bei uns?" Wer auf die Zukunft seines Unternehmens setzt, muss bereits in der Gegenwart in die Mitarbeitenden investieren. Lernen und Wissensaustausch sollten immer gefördert werden – nur so kann es zur Normalität werden, sich stetig weiterzuentwickeln.

FRAGEN ZUM PRINZIP: LERNEN UND WISSEN TEILEN

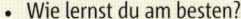

- Wie lernst du am besten?
- Was tust du bereits dafür, regelmäßig bewusst zu lernen?
- Welche Lernformate gibt es bereits in deinem Arbeitsumfeld und wie kann interne Wissensvernetzung erfolgreich gestaltet werden?
- Wie kannst du die Wissensvernetzung aktiv mitgestalten?
- Wie kannst du ganz konkret die Lernkultur in deinem Arbeitsumfeld in der nächsten Zeit verstärken und was brauchst du dafür?
- Was kannst du aus den aufgezeigten Beispielen in diesem Kapitel für deine eigene Arbeit ableiten?

MODERN-WORK-PRINZIP 8

Nachhaltigkeit

Mit der jungen Klimaaktivistin Leah pflanzen wir in Uganda Bäume und sprechen über Verantwortung und Klimaschutz.

Kampala – Uganda

In Ruanda feiern wir Silvester, geben einen Train-the-Trainer-Workshop und haben viele inspirierende Sessions zur Zukunft der Arbeit.

Viktoria See – Uganda

Kigali – Ruanda

appy New Year!" Wir stoßen auf unserer Dachterrasse im Ubumwe Grande Hotel in Kigali, der Hauptstadt von Ruanda, an. Wir haben einen eigenen Zugang von unserem Zimmer auf die riesige Terrasse und sind hier ganz allein. Dieses Mal läuft es so ganz anders als auf den Philippinen: kein Streit, kein Magen-Darm, dafür Gelassenheit. Eine gewisse Unaufgeregtheit überkommt uns, als wir über die vielen grünen Hügel rund um Kigali blicken. Überhaupt ist Silvester hier sehr entspannt. Es steht – wie es scheint – ganz im Zeichen, gemütlich beieinander zu sein, sich nett zu unterhalten, ein bisschen zu tanzen und einfach ins neue Jahr zu gleiten. Immer mal wieder trägt der lauwarme Wind Musikfetzen zu uns hinüber. Ein paar Etagen über uns, auf der Hauptterrasse ganz oben auf dem Hotel, hören wir Gelächter und wie Gläser aneinandergestoßen werden. „Kubuzima bwacu!" – das bedeutet „Prost!" in der Kinyarwanda-Sprache des Landes. Das neue Jahr kann beginnen. Und für uns startet es in der Mitte des afrikanischen Kontinents.

In Kigali wird nur an einem zentralen Ort, beim pompösen Radisson Blu und beim fünfstöckigen Kigali Convention Center, Feuerwerk abgefeuert. Wir können nicht genau herausfinden, warum das so ist. Aber wir hören, dass es eine Maßnahme zum Umweltschutz sein soll, was wir durchaus lobenswert finden. Wir können das bunte Glitzern von unserem Standort aus nur bedingt sehen, finden es aber dennoch großartig. Mit sicherem Abstand macht so ein Feuerwerk viel Spaß: kein Rumgeballer und keine Angst, dass sich eine Rakete auf die Terrasse verirrt. Es ist einfach schön – anders können wir es nicht sagen.

Wir haben es dieses Jahr geschafft, eine wohltuende Unterkunft für den Jahreswechsel zu organisieren. Hier haben wir uns schon seit zwei Tagen eingerichtet. Gutes Essen, ein paar Stadterkundungen, ein bisschen gekühlter Weißwein und letzte Arbeiten zum Jahresende haben unsere Ankunft in Ruanda bestimmt. Für uns beginnt nicht nur ein neues Jahr, sondern der nächste Abschnitt unserer Afrikareise: Wir werden in den kommenden Monaten noch Uganda, Kenia und Tansania bereisen.

Was uns in Kigali sofort auffällt? Kigali ist ganz und gar nicht wie die bisherigen Städte in Afrika. Ein erstes Indiz sind die Taxifahrer am Flughafen: Alle tragen einen Anzug und drängen sich nicht auf. Ganz im Gegenteil: Wir können erst ganz in Ruhe Geld abheben und werden dann zu einem Platz geleitet, wo wir ein Taxiticket erhalten. Kurze Zeit später kommt unser Fahrer. Der Tarif ist für alle gleich und das Feilschen oder Aushandeln fällt weg. Auch das finden wir zur Abwechslung mal ganz entspannt.

Das zweite Indiz begegnet uns auf der abendlichen Taxifahrt zum Hotel: Hier in Kigali ist es überdurchschnittlich sauber. Kein Müll, der sich in den Regenrinnen am Fahrbahnrand sammelt. Jetzt erst wird uns wieder bewusst, was wir am Flughafen schon auf einem Schild gesehen haben: In Ruanda sind Plastiktüten und Einwegverpackungen aus Plastik verboten – das gilt für den Verkauf und die Nutzung sowie für die Einfuhr. Am Flughafen findet man bei der Einreise einen Schalter, an dem Plastiktüten durch Papiertüten ersetzt werden. Als wir ein wenig recherchieren, finden wir heraus, dass Kigali als sauberste Stadt Afrikas gilt. Es gibt ein charmantes YouTube-Video von Mr. Ghana Baby, der am Straßenrand sein Mittagessen verspeist und sich wahnsinnig über die Sauberkeit der Stadt freut. Das ist wirklich lustig anzusehen. Wir können ihn nach unseren Stationen in Lagos in Nigeria und in Accra in Ghana gut verstehen. Ein Grund für die Sauberkeit ist, dass in Ruanda jeden vierten Samstag im Monat gemeinsam aufgeräumt wird. Dann ist „Umumganda".

Der gemeinschaftliche Kehrtag entspringt der ruandischen Kultur der Selbsthilfe und Kooperation. Er wird von Präsident Paul Kagame staatlich verordnet. Egal, ob es sich um das Müllsammeln, um das Beseitigen von Mückennestern zur Malariavorsorge oder um den Bau eines Dachüberstandes, unter dem die Schulkinder bei Regen Schutz finden, handelt: Alt und Jung werkeln, schippen und räumen für die Gemeinschaft auf. Das gehört unter anderem zur Vision „Ruanda 2050". Sie verfolgt das Ziel, Ruanda zum Singapur Afrikas zu machen. Ruanda belegt den 15. Platz auf der Weltrangliste der am schnellsten wachsenden Ökonomien und auch die Kriminalitätsrate ist gering. „It's clean, it's safe and it's growing economically", hören wir immer wieder. Wir sind beeindruckt, auch wenn man sich fragen kann, ob diese Entwicklung wirklich ethisch vertretbar, beispielhaft und nachhaltig ist. Denn Ruanda ist immer noch eins der ärmsten Länder der Welt. Zudem ist das Land als präsidentielle Republik umstritten.

Doch in Bezug auf die Arbeitswelt funktioniert hier einiges auf den ersten Blick ziemlich gut. Es lässt sich tatsächlich mit Singapur vergleichen, wo wir ja selbst vor einigen Monaten waren. Zum einen ist die geografische Lage von Ruanda ziemlich interessant. Das Land ist, bis auf eine Abweichung von ein paar hundert Kilometern, tatsächlich der Mittelpunkt des afrikanischen Kontinents. Von hier sind alle relevanten Orte der Welt gut zu erreichen – und das in jede Richtung. Zum anderen ist es in Ruanda so leicht, Handel zu betreiben, wie in vielen Ländern nicht. Das lockt viele InvestorInnen und GründerInnen an. Im *Doing-Business-Index 2019* belegt Ruanda den 29. Platz und führt die Liste der afrikanischen Staaten klar an. Marokko landet als Nächstes auf dem 60. Platz. Noch viel erstaunlicher ist, dass Ruanda auch vor Staaten wie den Niederlanden (Platz 36) und der Schweiz (Platz 38) rangiert. Gründungen gehen hier unglaublich schnell – wir hören, dass es manchmal nur wenige Tage dauert.

Diese günstigen Umstände nutzt auch *Awesomity Lab*. Das Unternehmen hat für Volkswagen eine App entwickelt, über die elektronische Autos in ganz Kigali gebucht werden können. Quasi ein inländisches Uber – mit 100 % E-Mobility. Auch wir benutzen es während unseres Aufenthalts in Ruanda regelmäßig. Es ist bisher eine noch nicht ganz so zuverlässige Alternative zu den „Boda Boda" – den Rollern, die in der ganzen Stadt herumfahren und dafür sorgen, dass man von A nach B kommt. In der Regel funktioniert das so: Wir stellen uns einfach an die nächste größere Straße von unserer Tiny-House-Airbnb, die wir nach Silvester für die restliche Zeit im Land gebucht haben. Dann warten wir ab. Mit einem Handwink zeigen wir an, dass wir gerne mitgenommen werden würden, und das klappt auch ziemlich schnell. Denn wie gesagt – man sieht die „Boda Boda" überall in der Stadt. Da wir ja immer zwei „Boda Boda" brauchen, ist es manchmal komplizierter, aber auch das klappt in der Regel gut. Zur Not ruft der „Boda-Boda"-Fahrer seinen Kumpel, Bruder oder Cousin an, der dann in wenigen Minuten herantuckert.

Alternativen zu entwickeln und mit Software das Leben der Menschen im Land und darüber hinaus zu verbessern, darin sieht auch Lionel Mpfizi, der Gründer und CEO von *Awesomity Lab*, die Aufgabe seines Unternehmens.

Meet *Awesomity Lab* – Ruanda

Awesomity Lab ist ein Software-Unternehmen und hat sich seinen Namen auf die Fahne geschrieben: „Awesome" und „Creativity" – großartige Kreativität.

Leider kann man „Awesomity" nicht passgenau ins Deutsche übersetzen. Dennoch klingt es ambitioniert. „Wir finden heraus, was die KundInnen im Sinn haben, und bringen es in eine Software", erklärt uns Lionel. Er ist CEO von *Awesomity Lab* und bezeichnet sich selbst als „the guy who helps the people do their jobs". Technologie spielt eine zentrale Rolle in dieser Kreativschmiede, denn dadurch sollen Ideen und Träume in Form von

Hier entsteht die Zukunft Afrikas.

Applikationen und Plattformen zum Leben erweckt werden. „Wir wollen digitale Lösungen schaffen, die das Leben der Menschen bereichern und ihnen im Alltag helfen", erklärt Lionel weiter. Dafür arbeitet *Awesomity Lab* nicht nur mit ausländischen Konzernen wie VW, sondern auch mit inländischen Firmen und NGOs. „Es geht darum, auf die Kundenbedarfe zugeschnittene Produkte zu entwickeln, die eine echte Alternative für die Menschen bringen", berichtet er auf seine sehr charmante Weise. Um das zu schaffen, legt man bei *Awesomity Lab* großen Wert auf die Gestaltung des Arbeitsumfelds. Beispielsweise gibt es verschiedene Arbeitsräume, in denen bestimmte Aufgaben erledigt werden können. Draußen findet man eine kleine grüne Oase, wo sich alle zum Chillen treffen. Überall stehen Spielzeuge herum, um sich kreative Anregungen zu holen. Und gleich um die Ecke finden sich Szene-Restaurants mit leckerem Kaffee und schmackhaften Snacks. Diesen Ort könnte man so auch in Tel Aviv, Shenzhen oder Sydney finden, denken wir. Dass eine Umgebung geschaffen wird, in der die Mitarbeitenden arbeitsfähig und inspiriert sind, ist Lionel ausgesprochen wichtig. Denn Lionel sieht großes Potenzial auf dem afrikanischen Kontinent. Er glaubt daran, dass Ruanda eine tragende Rolle in der Entwicklung spielen kann. „Noch vor drei oder vier Jahren war es in Ruanda nahezu unmöglich, einen Job ohne Universitätsabschluss zu finden. Dadurch fielen so viele durchs Raster", kritisiert er. „Aber das ändert sich jetzt zunehmend, da man erkannt hat, dass es weitaus mehr um die Kompetenzen und Fähigkeiten der Menschen geht als um ein Hochschuldiplom. Wir sind bei *Awesomity Lab* mittlerweile 15 Leute und nur zwei von uns waren auf der Uni", merkt Lionel lächelnd an. Seiner Meinung nach werden in Zukunft noch viel mehr junge Menschen verantwortlich für die Entwicklung Afrikas und Ruandas werden, was ein enormes Potenzial für „Leapfrogging" eröffnet. Ein Beispiel dafür sieht er in der Nutzung von „Mobile Money". Dazu sagt er: „Here, more people rely on mobile money than on banks." Aufgrund der Infrastruktur in den meisten afrikanischen Ländern ist „Handygeld" sehr viel passender als das klassische Bankkonto, das in Europa noch bevorzugt genutzt wird. „The way we deal with money wouldn't be possible in Europe", schlussfolgert er daraus.

Damit eine solche Umgebung auch effektiv genutzt werden kann, ist es wichtig, Moderne Arbeitsweisen zur Verfügung zu stellen. Lionel sieht sich und sein Unternehmen hier als Gestalter und Formgeber. Denn bei *Awesomity Lab* versucht man, die besten Methoden aus gängigen Arbeitsweisen wie dem agilen Projektmanagement oder SCRUM herauszufiltern und weiterzuentwickeln. „Wir schauen es uns an, wir lernen daraus, wir kreieren etwas für uns

Passendes – und das geben wir dann auch gerne weiter", erklärt er uns das Vorgehen bei *Awesomity Lab*. Dabei ist der sogenannte „PCC-Dreisatz" entstanden. PCC steht für „Path", „Content" und „Call to Action". In allen Projekten wird geschaut, wie eine Verbesserung herbeigeführt werden kann, welche Inhalte dafür wichtig sind und welche Aufgaben sich daraus ergeben. Für uns ist es eine Mischung aus dem agilen Prinzip der stetigen Verbesserung, dem Fokus auf die Kundenbedarfe und Kanban. „Ich hoffe, dass dieses Prinzip in den kommenden Jahren bei vielen anderen Firmen auch angewendet wird", wünscht sich Lionel.

Die größte Herausforderung sieht er darin, die Denkweise im Land zu ändern: Trotz der durchaus guten Ausgangslage für Gründungen im Land ist es wichtig, auch durchzuhalten und dranzubleiben. „It took us five years to get here", argumentiert er. Fehler machen und noch viel mehr in Möglichkeiten zu denken und zu agieren, kann die Entwicklung in Ruanda, aber auch in Afrika enorm vorantreiben. „Small businesses by young people will define the way of life", stellt er sich die Zukunft der Arbeitswelt vor. Dabei sollen sie aber unabhängiger sein dürfen, sagt er, ohne konkret auf die staatlichen Verordnungen einzugehen.

Ein nachhaltiges Wirtschaftssystem kann nur aufgebaut werden, wenn die Menschen die Möglichkeit erhalten, sich einzubringen und aktiv zu werden. Lionel fasst es folgendermaßen zusammen: „When you find out that something isn't done yet, it's up to you to do it!" Es ist wahrscheinlich genau diese Denkweise, der er seinen Spitznamen „Captain Awesome" zu verdanken hat, wie er von den anderen im Unternehmen liebevoll genannt wird.

Modern-Work-Prinzip: *Nachhaltigkeit*

Die Diskussion um Nachhaltigkeit ist nicht neu. Bereits Ende der 1980er fand sie Eingang in die afrikanische Entwicklungshilfe, auch wenn das kaum Früchte gebracht hat. **Heute ist Nachhaltigkeit nicht nur in der Entwicklungszusammenarbeit, sondern auch im Business wichtiger denn je.** Nico Rosberg, der sich selbst als Ökotech-Investor sieht, behauptet in derselben *Business-Punk*-Ausgabe, in der wir mit unserer Modernen Walz erscheinen, dass Unternehmen der Zukunft nachhaltig sind. Wie noch nie zuvor rückt auch für GründerInnen das Konzept der Nachhaltigkeit ins Zentrum ihres Unternehmertums. Das zeigt sich immer wieder auf der Modern Work Tour: Nahezu alle, mit denen wir sprechen, haben das Anliegen, mit den Bedürfnissen der

Die jüngste Verlegerin Afrikas, Dominique Alonga, möchte neue Narrative in ihrem Land entstehen lassen.

Gegenwart so umzugehen, dass die Möglichkeiten zukünftiger Generationen nicht eingeschränkt werden. Häufig berufen sie sich auf die **drei Dimensionen der Nachhaltigkeit – wirtschaftlich effizient, sozial gerecht, ökologisch tragfähig.** Dabei nimmt die Idee „Entwicklung statt Wachstum" einen zentralen Schwerpunkt ein. Nicht nur für Afrika, sondern auch für viele andere Regionen wie den Nahen Osten oder die STAN-Länder gilt es, Maßnahmen zu ergreifen, die aus eigenem Potenzial erwachsen sind.

Ende September 2015 wurde auf einem UN-Gipfel in New York die „Agenda 2030 für nachhaltige Entwicklung" verabschiedet. Die Agenda ist ein **„Weltzukunftsvertrag",** der 17 Entwicklungsziele, die „Sustainable Development Goals" (SDGs), beinhaltet. Sie ist das erste internationale Abkommen, in dem das Prinzip der Nachhaltigkeit mit Armutsbekämpfung und mit ökonomischer, ökologischer sowie sozialer Entwicklung verbunden wird. Das erklärte **Ziel ist es, allen Menschen weltweit ein Leben in Würde zu ermöglichen:** Die Agenda soll Frieden fördern und dazu beitragen, dass alle Menschen in Freiheit und in einer intakten Umwelt leben können. Dabei richtet sie sich an alle Staaten der Weltgemeinschaft. Da es eine Einteilung in „Geber" und „Nehmer" oder in „erste", „zweite" und „dritte Welt" nicht mehr gibt, werden alle gleichermaßen aufgefordert, sich für die SDGs einzusetzen.

Ähnliches hören wir auch von Dominique Alonga, der jüngsten Buchverlegerin Afrikas. Mit ihr treffen wir uns im hippen Question Coffee in Kigali. Sie fordert, nicht mehr bevormundet zu werden: „In Africa we are learners and the western people are knowers", beschreibt sie die gegenwärtige Denkweise, die nicht nur in ihrem Land vorherrscht. Diese Denkweise muss sich ändern. „Wir brauchen neue Narrative für Afrika", behauptet sie. „Wir wollen als ein Kontinent wie jeder andere gesehen werden. Ein Kontinent, der viel Potenzial hat und gerade anfängt, sich zu entfalten", betont sie immer wieder. Fast schon ein wenig kampflustig erklärt sie: „Dafür müssen wir selbst aber auch mehr tun – wir brauchen ein ‚Made by Africans'. Wir selbst müssen handeln und nicht nur behandelt werden." Von einem Treffen und einem Interview haben wir sie erst überzeugen können, als wir sie fragen, was wir in Europa denn von Afrika lernen können. Diese Frage habe ihr bisher noch kein Interviewer gestellt. Normalerweise wären alle daran interessiert, das Bild der bedürftigen Kinder oder die Schrecken des Genozids in den 1990ern zu zeichnen. Doch da macht Dominique nicht mehr mit. Wer nicht an ihrer Denkweise und ihrer Haltung interessiert ist, bekommt auch kein Interview. **Nachhaltigkeit bedeutet auch, neue Denkweisen anzustoßen, die zu besseren Lebensumständen für alle beitragen.** Genau deswegen schreibt und verlegt Dominique Bücher. Sie möchte dazu beitragen, die Lesekultur zu verändern: „…to increase the way the (African) people read and think." Dabei erwischt sie auch uns eiskalt, als sie fragt, ob wir Liebes- oder Detektivgeschichten von afrikanischen Autoren kennen. Nein, ist unsere etwas beschämte Antwort. Das bringt uns zum Nachdenken. Wir fragen uns: „Was können wir noch machen, um den Nachhaltigkeitsgedanken stärker in die Arbeitswelt zu bringen?"

Für uns bedeutet Nachhaltigkeit immer auch ein Investment: Das kann darin bestehen, dass Unternehmen bei Geschäftsreisen einen Beitrag zum CO_2-Ausgleich zahlen oder im Büro auf biologisch abbaubare Seife und plastikfreie Cafeterien setzen. Nachhaltigkeit im Unternehmen bedeutet aber auch, nicht nur nach außen (= Seifen, Bio-Obst, grüner Strom …) Maßnahmen zu ergreifen. Auch der interne Blick auf die Menschen im Unternehmen ist wichtig: Es geht darum, nachhaltig in die Mitarbeitenden zu investieren, um sie ganzheitlich zu stärken und zu befähigen. Das Unternehmen *BAG Innovation* (BAG = Build A Generation) aus Kigali engagiert sich beispielsweise dafür, die Lücke zwischen dem akademischen und dem wirtschaftlichen Sektor

Interview über Lernen und Wissen bei BAG Innovation.

zu verkleinern. „Das, was die jungen Leute hier in der (Hoch-)Schule lernen, entspricht nur wenig den Anforderungen, die im Business gestellt werden", erklärt uns Yussouf Ntwali, der Mitgründer von *BAG Innovation*. Diesen Eindruck hat auch Recheal Ainembabazi von *QraftMind,* die wir in Kampala in

Mit QraftMind entsteht eine Kooperation.

Uganda treffen. Beide haben das Ziel, junge Menschen in ihren Fähigkeiten zu bestärken, damit sie besser ins Berufsleben starten oder sich darin weiterentwickeln können. Entscheidend dafür ist, dass Menschen lernen, ihre Expertise nachhaltiger aufzubauen, indem sie viel bewusster in die neuen Herausforderungen gehen.

Aus dem Modern-Work-Prinzip „Nachhaltigkeit" kann für den Unternehmenskontext Folgendes abgeleitet werden: Es ist stets wichtig, Mitarbeitende zu Mitdenkenden zu machen, wenn im Unternehmen nachhaltig gehandelt werden soll. **Nachhaltigkeit ist dabei immer nach vorne gewandt, muss aber im Hier und Jetzt gelebt werden.** Heute wird sich zeigen, ob die Entscheidungen für morgen bereits nachhaltig gedacht oder doch nur auf Profit und Rendite ausgelegt sind.

Was wir an Erfahrungen mitnehmen

Wir lernen an den meisten Orten unserer Reise nachhaltige Ideen und Initiativen kennen. In Tirana gibt es zum Beispiel inzwischen erste *Green Taxis,* direkt mit eigener App. In Palawan auf den Philippinen ist Plastik gar nicht

Grüne Taxis in Tirana.

mehr erlaubt und so nutzt man zum Beispiel Strohhalme aus Bambus für die Fruchtshakes. Geht also doch. Genau wie in Kigali, wo einmal im Monat gemeinsam in der Stadt sauber gemacht wird. Doch bei Weitem nicht überall ist diese Denkart angekommen: In Montenegro weigert sich beispielsweise eine Verkäuferin, ihre Ware ohne Plastiktüten zu verkaufen. Jede einzelne Obst- oder Gemüsesorte kommt in eine eigene Plastiktüte – uns stockt fast der Atem, als wir das sehen.

„Wir sind hier in Montenegro und nicht in Deutschland. Das wird hier so gemacht oder gar nicht!", pflaumt sie uns genervt an. „Dann eben gar nicht!", denken wir und sind fassungslos. In Ruanda dagegen bekommen wir erst gar keine Plastiktüten.

Wir merken, dass Bequemlichkeit einen großen Einfluss darauf hat, wie nachhaltig wir unser Leben leben. Es ist immer aufwendiger, nachhaltig zu sein, als etwas einfach zu verbrauchen und dann wegzuwerfen. „Bequem und schnell" sticht quasi „bewusst und nachhaltig". Doch das muss gar nicht sein: Denn nachhaltig zu handeln, macht uns beide stets zufriedener und glücklicher, auch wenn man dann mal kein Obst bekommt und ein paar Marktstände weitergehen muss. Wir merken an den unterschiedlichen Orten, wie befriedigend es für uns ist, zu wissen, dass das, was wir gerade tun, gut ist. Wir sehen es weniger als „verlorene Zeit", denn es ergeben sich so viele neue Möglichkeiten daraus.

Da wir auf unserer Reise möglichst auf Plastikflaschen verzichten, trinken wir stets aus unseren wiederverwendbaren Flaschen von Sigg und filtern das lokale Wasser mit unserem Wasserfilter, dem MSR Guardian, selbst. Immerhin sparen wir so während unserer Modern Work Tour über 4000 Plastikflaschen ein. Für die langen Busfahrten in Ostafrika haben wir Konservengläser dabei, kaufen lokal köstliches Gemüse und haben dadurch immer eigenes Essen in wiederverwendbaren Behältern. Was uns besonders erfreut, ist, dass die Menschen neugierig werden und mit uns ins Gespräch kommen. Wenn wir unsere Flaschen mit unserem MSR Guardian Wasserfilter auffüllen, werden wir eigentlich überall interessiert beäugt und gefragt, was wir da tun. Die zweite Frage, die dem ersten, manchmal etwas argwöhnischen Blick folgt, lautet: „Warum tut ihr das?" Ein klasse Gesprächs- und hoffentlich auch Kopföffner! Nicht nur zu Hause, sondern auch auf Reisen darf man den Umgang mit Ressourcen, zum Beispiel den eigenen Wasserverbrauch, überdenken.

Spendenaktion #treesforafrica und Bäume pflanzen mit Leah.

Damit aber ist es noch lange nicht genug: Durch unsere Reise stellen wir fest, dass Nachhaltigkeit im Großen und auch im Kleinen noch immer nur wenigen Menschen zugänglich ist. Häufig haben nur diejenigen Zugang, die es sich leisten können und das Bewusstsein dafür haben. Oder diejenigen, die aus Notwendigkeit alles darauf setzen, wie die junge Klimaaktivisten Leah aus Uganda. Leah ist mittlerweile 15 Jahre alt, hat aber schon an ihrem 13. Geburtstag die Initiative #birthdaytrees ins Leben gerufen. Zu einem Treffen und Interview mit uns ist sie nur bereit, wenn wir vorher gemeinsam Bäume

Gemeinsam pflanzen wir über 200 Bäume in der Nähe der Hauptstadt Kampala in Uganda. Mit dieser Aktion unterstützen wir Leah mit unserer GoFundMe-Initiative #treesforafrica.

pflanzen. Das finden wir gut – nicht lange rumschnacken, sondern auch machen. Bei #birthdaytrees kann man selbst Bäume pflanzen. Alternativ kann man die Bäume auch durch eine Spende pflanzen und pflegen lassen. Wir entscheiden uns, beides zu machen. Mit unserer #treesforafrica Aktion auf gofundme.com sammeln wir so viel Geld, dass wir über 200 Bäume mit Leah in Uganda pflanzen können. Bis heute arbeiten wir mit dieser beeindruckenden jungen Frau zusammen. Gemeinsam rufen wir immer wieder zum Spenden für #birthdaytrees auf. Zudem übernehmen wir verschiedene Aufgaben, die Leah aufgrund ihres jungen Alters noch nicht erledigen darf oder weil das in Uganda unglaublich kompliziert ist. Leah setzt sich neben Greta Thunberg, Luisa-Marie Neubauer und vielen anderen für die Zukunft ein. Nachhaltigkeit ist eine globale Aufgabe und wir brauchen Menschen wie sie. Um sich hier einzusetzen, sind Willen, Stärke und besonders Mut gefragt. Für uns alle gilt: Aufwachen, informieren, mitmachen! Ob Bäume pflanzen, die Entwicklung eines Filtersystems oder was ganz anderes: Jeder von uns muss sich überlegen, was der eigene Beitrag ist, und zwar ganz konkret. Es gibt kein allgemeingültiges Vorgehen, was wir genau tun können. Aber „junge Menschen können Nachhaltigkeit nicht für alle Generationen übernehmen", sagt uns Leah. Sie fordert dazu auf, dass alle aktiver werden. Wir müssen uns in unseren Arbeitskontexten, unseren Lebensgemeinschaften sowie in der Politik und in der Wirtschaft fragen, was wir sonst noch machen können. Wir sollten mitwirken wollen, damit Nachhaltigkeit ein fester Bestandteil unserer Arbeit wird. Das fängt beim Individuum an und geht über Teams und Abteilungen bis hin zum gesamten Unternehmen. Stephan Grabmeier nennt das „Enkelfähigkeit" – ein Ansatz, der uns umdenken und aktiv werden lassen sollte.

FRAGEN ZUM PRINZIP: NACHHALTIGKEIT

- Wie stark wird Nachhaltigkeit in deinem Arbeitskontext bereits mitgedacht?

- Was kannst du in deinen Arbeitsweisen und Entscheidungen tun, damit du nachhaltiger wirst?

- Was willst du in deinem Leben ab sofort für mehr Nachhaltigkeit ändern und wie willst du das schaffen?

- Welche nachhaltigen Projekte vor Ort oder weit weg kannst du unterstützen, weil du die Zeit, Kraft oder das Geld dafür hast?

- Was kannst du aus den aufgezeigten Beispielen in diesem Kapitel für deine eigene Arbeit ableiten?

Vielfalt

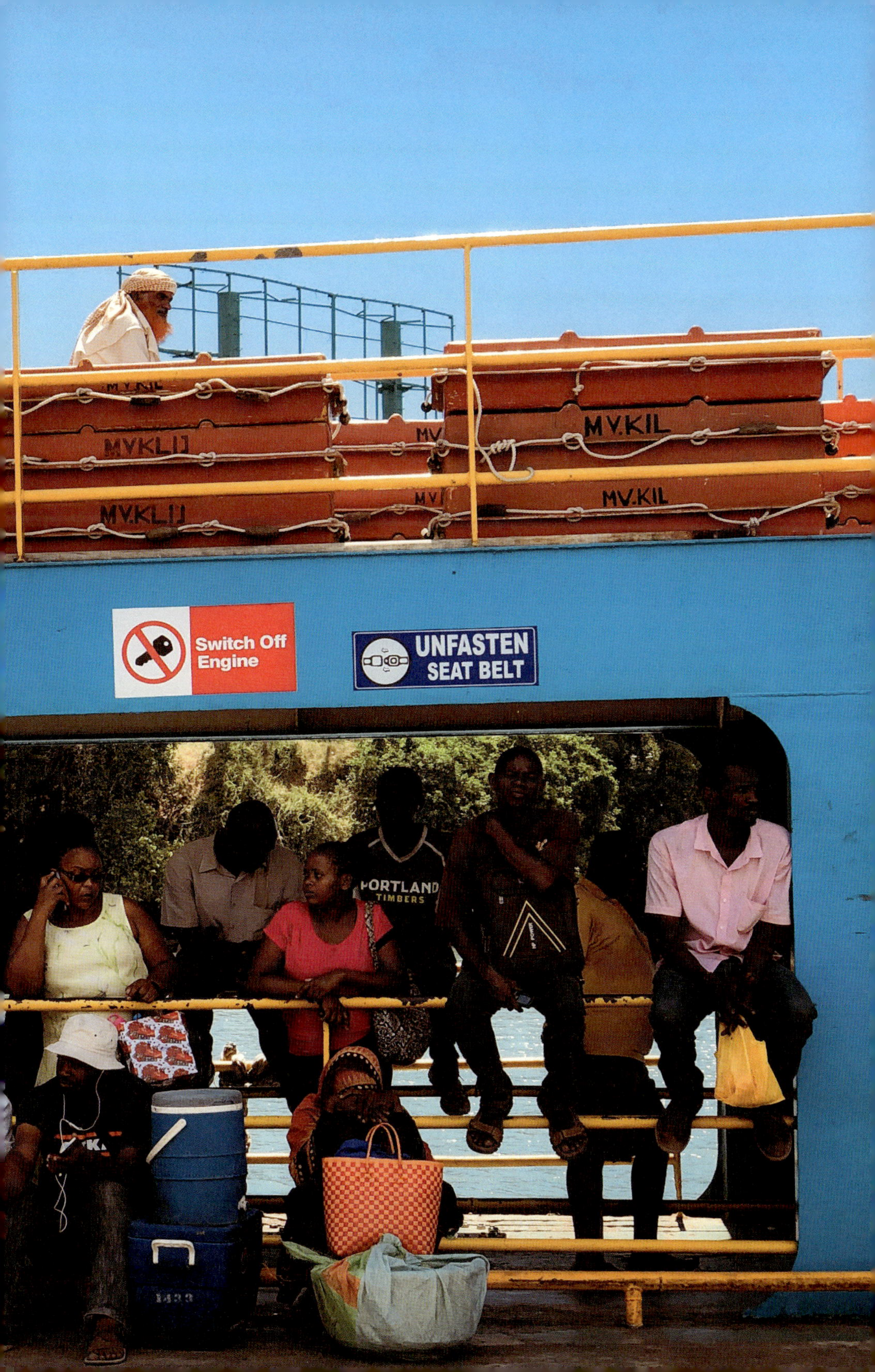
MV.KIL
MV.KIL
Switch Off
Engine
UNFASTEN
SEAT BELT
PORTLAND
TIMBERS

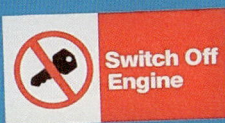

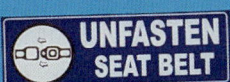

Nairobi – Kenia

Kenia begeistert uns: In Nairobi wird selbstverständlich flexibel und modern gearbeitet. In Mombasa setzt man auf Tech und Kultur. Ein paar Tage Entspannung gönnen wir uns am Diani Beach und auf Safari in der Masai Mara.

In Tansania reisen wir in die Friedensstadt Arusha und wandern am Fuße des Kilimandscharo. Tolle Treffen haben wir in Daressalam.

Masai Mara – Kenia

Kilimandscharo – Tansania

Diani Beach – Kenia

*I*nzwischen sind wir es gewohnt, auf den langen Busfahrten zwischen den Ländern die einzigen Nichtafrikaner zu sein. Dadurch erleben wir immer wieder schöne Begegnungen. Da wir den Leuten einfach auffallen, ob wir nun wollen oder nicht, entwickelt sich auch immer ein Schnack, der manchmal zu verwunderlichen und meistens zu erfreulichen Ereignissen führt. So werden wir von der Mutter des Bräutigams spontan zu einer Hochzeit eingeladen, nachdem der Bus unterwegs den Geist aufgibt und Anna sich mit den Damen der Hochzeitsgesellschaft im Schatten eines Baumes unterhält. Auch das ist „typisch afrikanisch" für uns: Die ungeplante und erst mal ärgerliche Situation, dass wir den Bus wechseln und dafür in der kenianischen Hitze auf ein Ersatzfahrzeug warten müssen, führt dazu, dass man miteinander ins Gespräch kommt. Besonders auf Reisen erfährt man am laufenden Band, wie spielerisch einfach es sein kann, Fremdheit gemeinsam zu überwinden. Leider passt der Hochzeitstermin gar nicht zu unserer Reiseroute, weshalb wir dann doch wie geplant nach Mombasa für ein verlängertes Wochenende fahren. Am berühmtesten Strand Ostafrikas, dem Diani Beach, verbringen wir anschließend unsere letzten Tage in Kenia in einer Traum-Airbnb. Hast du schon mal Jahrtausende alte Bäume im Garten gehabt? Die Afrikanischen Affenbrotbäume, auch „Baobab" genannt, stehen hier einfach und spenden uns auf unserer Terrasse Schatten. Wir fragen uns ehrfürchtig, was die großen ruhigen Riesen schon alles erlebt haben – und nach uns noch erleben werden? Hier gönnen wir uns nach Kampala in Uganda, Nairobi und Mombasa in Kenia und nach Arusha in Tansania eine kleine Arbeitsauszeit: Die Rechner bleiben überwiegend geschlossen und wir sind einfach mal „off". Bald schon geht der zweite Abschnitt der Modern Work Tour in Afrika zu Ende und wir werden nach Namibia fliegen. Es ist schon das vorletzte Land auf unserer Modernen Walz. Die Zeit ist einfach so verflogen und wir lassen an diesem wunderschönen Ort noch einmal Revue passieren, was wir in Ostafrika erlebt haben.

In Kenia lernen wir in der Hauptstadt Nairobi die starken Gegensätze des Landes hautnah kennen. Wir besuchen hervorragende Restaurants wie das Peppertree und trinken in den wunderschönen Cafés herrliche Kaffee-Kreationen. Uns kommt Nairobi sehr kosmopolitisch und teilweise sogar ein wenig „snobby" vor. Wir fühlen uns mal wieder underdressed und genießen dennoch in vollen Zügen die kulinarische Vielfalt auf Weltniveau. Nairobi ist neben Lagos die wohl bekannteste Stadt in Afrika für Innovation und Modernes Arbeiten auf unserer Modernen Walz. So sehen das auch die Menschen, die wir bei unseren Sessions treffen. Selbstbewusst erzählen sie von ihren

Intensive Einblicke in das Leben in Kibera erfahren wir von Moses.

Modernen Arbeitsweisen – Design Thinking, agiles Arbeiten und SCRUM natürlich inklusive.

Im Gegensatz dazu befindet sich in Nairobi auch der größte Slum Afrikas – Kibera. Über Airbnb sehen wir durch Zufall, dass Moses, der selbst mit seiner Familie in Kibera lebt, eine Tagestour durch sein Viertel anbietet. Wir wandern mit ihm durch die engen Gänge, essen ein lokales Bohnengericht und er stellt uns ein paar kleine Initiativen aus seiner Wohngegend vor. „You can ask me everything", sagt er, und wir stellen tatsächlich mindestens genauso viele Fragen wie bei unseren Arbeitstreffen. Kibera erstreckt sich auf über 250 Hektar und hat nach „offiziellen" Angaben etwa 170 000 Bewohner. Im Schnitt teilen sich 500 Menschen eine Toilette, hören wir von Moses. Wenn man von einem Hang aus auf Kibera schaut, erkennt man die Toiletten an den Wassercontainern auf dem Dach. Bei so vielen Wellblechdächern sind es erdrückend wenig. Eine Unterkunft mit fünf bis sieben Quadratmetern wird in der Regel von einer Familie mit zwei bis vier Kindern bewohnt, die dafür umgerechnet etwa 18 Euro pro Monat zahlt. Wir kriegen neben viel Armut auch viel Lebensfreude mit. Einzelne Bewohner von Kibera laufen gerne ein Stück mit uns mit und wollen ins Gespräch kommen. Wir hören hier viel Gesang und lernen einiges über die kleinen Lädchen und Services. Kibera ist eine Stadt in der Stadt. Unser warmes Essen für 20 Cent pro Person macht uns beide satt, glücklich und auch demütig. Dennoch ist die Erfahrung insgesamt bedrückend für uns, was jedoch auch an unseren Narrativen liegt: Uns

Wir sind begeistert von der Artenvielfalt in der Masai Mara.

kommt der eigene Lebensstandard extrem hoch vor – und in Kibera wird uns das so deutlich wie schon lange nicht mehr vor Augen geführt. Moses erzählt uns, während wir mit seiner Familie in der fünf Quadratmeter kleinen Wohnung auf einem überdimensionalen Sofa sitzen, von seinem großen Ziel: Er will mit den Touren über Airbnb so viel Geld zusammensparen, dass er am anderen Ende des Slums eine neue Unterkunft anmieten kann, die größer und besser ist.

Als weiteres Kontrastprogramm gehen wir in Kenia auch auf Safari: Wenn wir schon hier sind, wollen wir auch etwas von der berühmten Tierwelt in Ostafrika sehen. Von Nairobi fahren wir mit unserem Guide Alex in die Masai Mara – einen der schönsten Nationalparks weltweit. Hier erleben wir für ein paar Tage die luxuriöse Seite des Reisens. Tatsächlich sehen wir auch die „Big Five", also Löwen, Leoparden, Rhinos, Elefanten und Büffel, sowie unzählige andere Tiere. Artenvielfalt haben wir in dieser Fülle so noch nie erlebt. Auch hier müssen wir uns immer wieder gegenseitig zwicken und tief durchatmen. Besonders, als ein riesiger Leopard an unserem Auto vorbeiläuft. Was für ein anmutiges, kräftiges und stolzes Tier! Die Landschaft ist hier so schön, dass wir fast den Tourismus und die anderen Safariautos

> **WIDMUNGSGELD** oder auch **DEDICATION MONEY** ist für konkrete Ereignisse oder Vorhaben speziell reserviertes Geld. Es wird nicht in das normale Budget eingerechnet. Wir haben es beispielsweise einer Traumunterkunft, einer Tour mit privatem Guide oder einem teuren Roadtrip gewidmet.

vergessen. Aber eben auch nur fast. Denn normalerweise genießen wir die wunderschöne Natur am liebsten ohne andere Menschen und völlig selbstbestimmt, wie auf dem Roadtrip in der Mongolei oder in Kirgistan. Doch hier geht das nicht. Unser „Dedication Money" oder „Widmungsgeld" war diese Erfahrung auf jeden Fall trotzdem wert, wenngleich uns das Gefühl, in dieser Zeit Touristen zu sein, gar nicht gefallen hat.

Wenige Wochen später erweitern wir in Tansania bei einem Barterdeal mit einer Reiseagentur unsere Safari-Erfahrungen. Wir starten in Arusha, der Friedensstadt Ostafrikas, und erleben eine spektakuläre Vielfalt von Natur und Tierwelt bei einem Tagesausflug zum Ngorongorokrater. Mit seinen über acht Kilometern Durchmesser ist er der größte unbesiedelte Krater seiner Art weltweit. Als wir oben am Rand des 2,5 Millionen Jahre alten Kraters stehen und hineinschauen, kann es kaum noch schöner werden. Es ist, als ob wir in eine andere, noch unentdeckte Welt blicken. Bei einem weiteren Tagesausflug werden wir vom Kilimandscharo in den Bann gezogen. Am frühen Morgen haben wir das Glück, einen freien Blick auf den höchsten Berg Afrikas zu haben, dessen schneebedeckter Gipfel surreal und gleichzeitig majestätisch über uns thront.

Nach den Safaris, die eine eindrucksvolle Abwechslung zu unserer arbeitsintensiven Zeit in den afrikanischen Städten sind, geht es für uns von Tansania wieder zurück an die kenianische Küste. Mit dem Ostafrika-Visum können wir nahezu problemlos zwischen den Ländern hin- und herfahren. Unser Ziel ist die älteste Stadt des Landes: Mombasa. Der architektonische Glanz früherer Zeiten ist hier noch immer sichtbar und wir schlendern viel durch die kleinen Gassen an der Küste. Wegen einiger Feiertage und des Wochenendes bleibt kaum Zeit für Arbeitstreffen. Doch die paar Treffen, die wir hier haben, erweisen sich dafür als umso spannender.

Meet *Swahilipot* – Kenia

Eine besonders schöne Begegnung haben wir im stadtbekannten *Swahilipot* gemacht. Ein Co-Working-Space sowie ein Ort der Zusammenarbeit von jungen Menschen aus der Technologie- und Kunstszene. Hier können Startups, GründerInnen und Interessierte in einem anregenden Umfeld zusammenkommen und miteinander arbeiten. Es ist der einzige Ort in Ostafrika, wo Kunst und Technik bewusst als Schwerpunkte zusammengebracht werden, um in spannenden Projekten zusammenzuarbeiten. Auch uns überzeugt der

Paul Akwabi unterstützt junge EntwicklerInnen bei Tech Kidz Africa.

Ansatz, dass Kunst und Technik sich gegenseitig bereichern und inspirieren können. Das gilt nicht nur hier in Afrika, sondern überall auf der Welt.

Bei unserem ersten Besuch im *Swahilipot* findet gerade die wöchentliche „Happy Hour" statt: Eine Stunde lang gibt es am helllichten Tag eine laute Party. Boxen werden aufgestellt, die Leute haben sich „herausgeputzt" und eine freudig-erwartungsvolle Stimmung ist zu spüren. Uns haut die Energie und Lebensfreude der Menschen wirklich um. „Warum macht ihr das?", fragen wir begeistert. „Wir sind immer so auf unsere Arbeit fokussiert, bei diesem Netzwerk-Event können wir uns davon lösen und einfach im Moment sein", antwortet uns Shufaa Yakut. Im *Swahilipot* ist sie als kreative Schreiberin gestartet. Inzwischen kann sie auch

Interview mit Shufaa im Swahilipot.

programmieren und hat die Betreuung der Teams im *Swahilipot* übernommen. „Außerdem gibt es keine bessere Möglichkeit, Menschen mit Tanz und Musik für neue Ideen zu begeistern", fügt sie hinzu. Beschwingt, tanzend und mit viel Gelächter werden hier Gedanken ausgetauscht. Man merkt, dass es nicht nur um Spaß geht. Immer wieder ziehen sich kleinere Grüppchen zurück, um Ideen aufzuschreiben und mit mehr Ruhe zu beratschlagen.

Am nächsten Tag sind wir zu verschiedenen Interviews verabredet und werden erst einmal vor Ort herumgeführt. Viele junge Menschen sitzen vor ihren Prototypen und diskutieren oder schauen konzentriert auf Bildschirme.

Die Gründer von Roka begeistern durch ihren Ehrgeiz und ihre nachhaltige Produktidee.

Von unserem Besuch lassen sich nur die wenigsten ablenken. Shufaa erklärt uns, dass hier ein Ort entstanden ist, an dem MultiplikatorInnen, InvestorInnen und die Presse ein- und ausgehen. „Dadurch werden gute Initiativen viel schneller über den *Swahilipot* hinaus nach außen getragen", freut sie sich. In vielfältigen Veranstaltungen wird miteinander gelernt und Neues erlebt. Bei dem nachhaltigen Modelabel *Roka,* das Taschen aus alten Planen produziert, wird Nils nach der Reise in den Beirat eintreten.

Wir sprechen auch mit Paul Akwabi, dem Gründer von *Tech Kidz Africa.* Er hat die junge Gründerin Gianna Bichage begleitet, als sie im Alter von elf Jahren ihre ersten Apps entwickelt hat. Mittlerweile denkt sie fleißig über die nächsten kreativen Problemlöser nach. „Der *Swahilipot* hilft, dass man von seinem Umfeld inspiriert wird", erklärt uns Paul und zeigt auf die vielen bunten Zeichnungen an den Wänden. „Im normalen Arbeitskontext wird häufig zu engstirnig und einseitig über Herausforderungen nachgedacht, weshalb wir gerade im kreativen Denken großes Potenzial sehen", so Shufaa. „Thinking outside the box" – Nachdenken abseits der gewohnten Routinen – klappt ihrer Meinung nach deutlich besser, wenn die Menschen dazu angeregt werden. Auch für uns ist es ein Ort der kreativen Vielfalt, wo Problemlöser erfunden werden, sodass die Zukunft bewusst gestaltet werden kann. „Using what is there", benennt Shufaa das wichtigste Merkmal der Arbeit vor Ort. Hier wird versucht, die Welt mit den vorhandenen Kompetenzen und Ressourcen jeden Tag ein Stück besser zu machen. Zwischen den ganzen jungen Menschen fühlen wir uns fast ein wenig alt. Doch wir spüren auch die Energie, die vom *Swahilipot* ausgeht und durch ganz Mombasa weht.

Modern-Work-Prinzip: *Vielfalt*

Mit der Modern Work Tour haben wir das Privileg, Unterschiedlichkeiten und Gemeinsamkeiten kennenzulernen. Das hilft uns, andere Sichtweisen besser zu verstehen. Im *Swahilipot* wird uns auf besondere Weise vor Augen geführt, was entsteht, wenn **Unterschiedlichkeiten als sich ergänzendes Potenzial** gesehen werden. Das Zauberwort hierfür lautet „Vielfalt". Das allein reicht jedoch noch nicht, um das Miteinander tatsächlich zu verändern. Denn Vielfalt anerkennen, ermöglichen und einbinden bringt erst den wirklichen Mehrwert in der gelebten Praxis. **In divers zusammengesetzten Teams steigt die Problemlösekompetenz erheblich,** da unterschiedliche Betrachtungen zur Problembearbeitung beitragen. Wie häufig bleiben wir in alten Mustern und Routinen stecken, weil es einfach bequemer ist? Oder wir suchen nach einer neuen, besonders „passenden" Besetzung im Team. Jemandem, der zwar genau passt, aber dadurch häufig auch keine neuen Perspektiven oder kritischen Sichtweisen einbringt.

Damit Vielfalt in der Arbeit gelingt, ist es wichtig, **Vorurteile abzubauen und grundsätzlich neugierig auf Neues zu machen.** Das kann nicht nur, sondern das sollte auch mal unbequem sein. Zum Glück wird in Arbeitskontexten immer mehr erkannt, dass unterschiedliche Erfahrungshintergründe und Expertisen die Herausforderungen unserer Zeit am besten lösen können. Das liegt vor allem daran, dass durch mehr Perspektiven auch mehr Ideen entstehen.

In der Erklärung zur kulturellen Vielfalt der Vereinten Nationen wird postuliert, dass diese „als Quelle des Austauschs, der Erneuerung und der Kreativität für die Menschheit ebenso wichtig ist wie die biologische Vielfalt für die Natur". **Der wichtigste Aspekt von Vielfalt im Arbeitskontext ist die kulturelle Vielfalt,** die als Ausgangslage der gemeinsamen Arbeit dient und die Weichen für das Miteinander stellt.

Um Vielfalt im Unternehmen zu fördern, ist der Ansatz des „Pool Teams" als eine besondere Form von Crossfunktionalität spannend. Ein „Pool Team" besteht aus einer großen und bunt gemischten Gruppe von Mitarbeitenden. Aus diesem Pool gehen Einzelne dann je nach Anforderungen für eine begrenzte Zeit oder Aufgabe in Projekte. So entstehen kleine, crossfunktionale Teams im gesamten Unternehmen.

CROSSFUNKTIONALE TEAMS sind Arbeitsgruppen, die mit vielfältigen Kompetenzen der Mitarbeitenden über alle notwendigen Skills verfügen, um Projekte erfolgreich zu gestalten.

Auf diese Weise können Mitarbeitende ihr unterschiedliches Know-how ziel-orientiert in unterschiedlichen Projekten einbringen. So kann bewusst auf sich ergänzende Fähigkeiten gesetzt werden. Vielfalt wird dadurch im Unternehmen gefördert.

Was wir an Erfahrungen mitnehmen

Unsere Neugierde auf Neues hat uns bis hierhin, in das berühmt-berüchtigte Mombasa, gebracht. Unser Interesse, Unbekanntes zu Bekanntem zu machen, hat uns wachsen lassen. Dafür haben wir immer wieder Grenzen überwunden und mussten aus unserer Komfortzone heraus. Das wollten wir natürlich auch, selbst wenn der innere Schweinehund es sich lieber gemütlich gemacht hätte. Wichtigster Aspekt für uns im Umgang mit Vielfalt ist die Grundeinstellung in unseren Köpfen. Im Unternehmenskontext wird das häufig als „Prime Directive" bezeichnet – also ein Menschenbild, das davon ausgeht, dass jeder Mensch erst mal nach bestem Gewissen handelt. Die „Prime Directive" stammt von Norm Kerth und schafft einen vertrauensvollen Rahmen: Wenn nicht jedes Anderssein oder jede andere Meinung kritisiert und sanktioniert wird, kann gemeinsam ausprobiert und experimentiert werden. Wir behaupten nicht, dass alle Menschen immer nur Gutes wollen und tun. Das wäre naiv. Aber mit dieser Grundhaltung geben wir jedem die Möglichkeit, anders sein zu dürfen. Damit fahren wir auf unserer Modernen Walz sehr gut – es ist wie eine „selbsterfüllende Prophezeiung", wie Paul Watzlawick es nennt.

Nur einmal geht das völlig in die Hose: Bei einer Konferenz für „Modernes Arbeiten in Afrika" sollen wir mehrere Key-Notes an verschiedenen Orten in Kenia geben. Auch sind einige Paneldiskussionen geplant, bei denen wir mitwirken sollen. Wir haben viele Absprachen und Vorbereitungen getroffen, doch uns wundert, dass die Webseite kurz vor Konferenzbeginn noch immer nicht ganz fertig ist. Unsere Reiseroute ist bereits geplant und wir haben alles um diese Termine herum organisiert. Aber irgendwie drückt uns der Schuh und unser Bauchgefühl sagt uns, dass etwas nicht stimmt. Einige Tage vor der ersten Konferenz erhalten wir keine Rückmeldung mehr. Nichts. Am Vortag unserer ersten geplanten Key-Note rufen wir direkt beim Veranstaltungscenter in Nairobi an und unsere Intuition wird bestätigt: Die Konferenz und alle Folgetermine werden nicht stattfinden. Beim Veranstalter und unserem Ansprechpartner herrscht weiterhin absolute Funkstille. Wir fühlen uns wie vor den Kopf gestoßen, betrogen um unsere Zeit und sind mächtig sauer.

Nachdem wir uns einen Tag in diesem negativen Zustand und im Selbstmitleid suhlen, ändern wir unsere Reiseroute und richten unseren Blick wieder auf das Positive: Wir haben „nur" unsere Zeit und Arbeit, aber zum Glück kein Geld investiert und kommen heile aus der Sache heraus.

Wir erleben auch, wie Vielfalt in manchen Ländern weder toleriert noch akzeptiert wird. In Uganda dürfen unsere polnischen Freunde Ricky und Rocky, die wir in China kennengelernt haben, ihre Zuneigung zueinander nicht ausleben. Homosexuelle Handlungen sind hier strafbar. Zwei so inspirierende Menschen dabei zu sehen, wie sie nicht „sie selbst" sein können, macht uns traurig. Hier erleben wir hautnah, wie Menschen sich nicht ausleben und entfalten können. Für uns nehmen wir aus dieser Erfahrung mit, dass Vielfalt immer ermöglicht werden sollte, wo sie keinem anderen schadet.

Auf unsere eigene Arbeit bezogen, lernen wir an verschiedenen Orten auf der Modern Work Tour, dass Vielfalt keine Selbstverständlichkeit ist und wir uns auch weiterhin stärker dafür einsetzen müssen. Wir merken, dass es uns immer schwerer fällt, wenn Vielfalt nicht akzeptiert wird. Kein Wunder, nachdem wir Vielfalt in 34 Ländern auf der Modernen Walz und in knapp 70 bereisten Ländern insgesamt in unserem Leben zu schätzen gelernt haben.

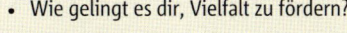

REFLEXION

FRAGEN ZUM PRINZIP: VIELFALT

- Wie gelingt es dir, Vielfalt zu fördern?

- Was kannst du daraus lernen, wenn dich Andersartigkeit einschüchtert oder hemmt?

- Wo in deinem Arbeitskontext braucht es frische, neue Sichtweisen, und was kannst du dazu beitragen, damit das auch gelingt?

- Wo sind die Grenzen deiner Toleranz und wie beeinflussen sie dein Handeln?

- Was kannst du aus den aufgezeigten Beispielen in diesem Kapitel für deine eigene Arbeit ableiten?

Modernes Arbeiten !?

In Windhoek wollen junge Menschen global aktiv werden und die Bewegung rund um Modernes Arbeiten voranbringen.

Sossusvlei -Namibia

Kalahari Wüste – Namibia

Windhoek – Namibia

Selten hat uns Natur so tief beeindruckt wie auf unserem Roadtrip durch Namibia. Noch ahnen wir nicht, dass wir hier unsere Modern Work Tour abbrechen werden.

Von Tansania in Ostafrika geht es für uns in den Süden des Kontinents nach Namibia. Wir sitzen im Flugzeug und sind die Einzigen, die FFP2-Masken tragen. Beim Umstieg in Johannesburg werden wir schräg angesehen, als wir mit Mundschutz zum Gate laufen. In Europa breitet sich das COVID-19-Virus weiter aus, doch noch spüren wir selbst keine Einschränkungen – in ein paar Wochen wird das schon ganz anders aussehen.

Es ist Nacht, als wir den Landeanflug auf Windhoek beginnen. In der Hauptstadt von Namibia werden wir uns eine kleine Weile aufhalten und haben schon ein paar Sessions in Aussicht. Am meisten freuen wir uns auf unseren Roadtrip, wofür wir wieder einen Barterdeal vereinbaren konnten.

Unsere erste Nacht in Windhoek endet abrupt, als wir von merkwürdigen Geräuschen wach werden. Offenbar haben sich mehrere Hundert Menschen draußen versammelt. Blaulicht flackert grell ins Zimmer und die Geräusche werden immer lauter. Das, was so erschreckend klingt und sicherlich durch unsere Schlaftrunkenheit verstärkt wird, stellt sich als Laufsportveranstaltung heraus. Die Läufer drehen eine Runde um den Kreisverkehr, den wir von unserem Schlafzimmerfenster aus sehen können, und bewegen sich dann weiter stadteinwärts. Der Spuk ist nach knapp zehn Minuten vorbei und wir fallen zurück ins Bett. So richtig einschlafen können wir allerdings nicht mehr, weshalb wir den Tag ungeplant sehr früh beginnen. Das kommt uns aber auch sehr zugute, denn vor dem Roadtrip wollen wir in der einen Woche in Windhoek einiges schaffen. Deshalb verbringen wir nach einer ersten Erkundung und einem Einkauf beim SPAR viel Zeit vor unseren Rechnern in der Airbnb-Unterkunft. Einen Abend machen wir es uns bei einer Dr.-Oetker-Pizza, die wir im Gefrierfach bei SPAR entdeckt haben, gemütlich und schauen das Programm der Deutschen Welle. Auch solche Abende gehören dazu, wenn man so lange unterwegs ist.

Es ist befremdlich, vertraut und sehr skurril, auf wie viel „Deutschland" wir in Namibia treffen. Als Anna im SPAR-Markt zwei Herren auf Englisch bittet, etwas zur Seite zu treten, damit sie an die Tomaten kommt, bekommt sie im feinsten Deutsch zu hören: „Sicherlich, Mädchen, lass dich nicht von uns abhalten." Überall hört man Menschen in einem eigentümlichen Deutsch sprechen und auch die Produkte in den Regalen kommen einem recht bekannt vor. Wie im Flug vergeht die Zeit in Windhoek.

Dann geht es los – und wir sitzen in unserem Toyota Hilux. Als die Klimaanlage ausfällt und wir unsere Fahrt durch das namibische „Death Valley" bis nach Lüderitz bei 39 Grad Celsius antreten, werden wir mächtig herausgefordert. Wir erleben am eigenen Leibe, wie extrem die Natur und die

Temperaturen hier sind. Auf der Campsite des Fish River Canyons wird Anna beim Geschirrspülen schwarz vor Augen. Sie bereitet Nils wohl einen der größten Schreckmomente der Reise, als sie plötzlich einfach umfällt. In Namibia lernen wir noch einmal mehr, wie wichtig es ist, bewusst auf sich und aufeinander zu achten. Nach der Ankunft in Lüderitz decken wir uns erneut mit Elektrolyten ein und sind penibel darauf bedacht, genügend Flüssigkeit zu uns zu nehmen. Auch tauschen wir den Wagen aus und erhalten ein kleines Upgrade: Den neuen Hilux taufen wir „Donna". Wer die US-Serie Suits kennt, bekommt eine Idee davon, wie klasse dieser Wagen ist und welchen fabelhaften Dienst er uns erweist. Bis auf die Zwischenfälle mit der Klimaanlage und Annas Ohnmacht wird dieser Roadtrip einer der schönsten auf unseren bisherigen Reisen.

Auf der *Rooiklip Guestfarm* am Fuße des Gamsbergs gefällt es uns von den vielen wirklich tollen und teilweise außergewöhnlich gestalteten Camps am besten: Das größte Highlight ist hier das Felsen-Camp. In einem Millionen Jahre alten Felsen sind auf einer Anhöhe drei separate und herrliche Plätze in einer halb offenen Höhle integriert. Einer davon kann nur mit dem 4 x 4 angesteuert werden. Den haben wir sicherheitshalber schon einige Tage vorher bei Hannelore, der Besitzerin der *Rooiklip Guestfarm*, per Mail gebucht. Auf diese besondere Campsite sind wird über Instagram gestoßen, wo wir Lucas T. Jahn folgen. In Vorbereitung auf unseren Roadtrip haben wir uns die wirklich sehenswerte Reisedokumentation über seinen Roadtrip durch Namibia angeschaut. Das Felsen-Camp hat eine Freiluftdusche mit Kalt- und Warmwasser und auch eine Freilufttoilette. Alles ist von Frans, dem Lebensgefährten von Hannelore, sehr durchdacht in den Fels gehauen oder aus Naturstein gestaltet worden. Salopp ausgedrückt ist es das beste Freiluftklo „with a view", das wir bisher erlebt haben. Hier gefällt es uns so gut, dass wir das erste Mal überhaupt auf einem Roadtrip beschließen, in ein paar Tagen an diesen Ort zurückzukehren. Das soll schon was heißen! Auf *Rooiklip* wollen wir den Abschluss unseres Namibia-Aufenthalts verbringen, bevor es dann auf die letzte Station der Modern Work Tour nach Südafrika gehen soll. So kommt es dazu, dass wir gerade wieder bei Hannelore und Frans sind, als uns die Auswirkungen der COVID-19-Pandemie auch in Namibia einholen und unserer Modernen Walz eine ganz neue Wendung geben.

Rooiklip Guestfarm – Remote Work meets Farm Work in Namibia

„Wir bleiben erst mal auf unbestimmte Zeit hier", schreiben wir unseren Familien, die daheim bereits im Lockdown sind. Wir treffen die Entscheidung, auf der Farm zu bleiben, als uns klar wird, dass wir wahrscheinlich nicht mehr nach Südafrika kommen werden. Und wenn doch, dann ist es nicht sicher, ob unsere Airbnb-Buchungen aufrechterhalten bleiben. Auf Airbnb wird sowohl den Mietern als auch den Vermietern angeboten, von ihrer Buchung zurückzutreten und eine Vollerstattung zu erhalten. Die Vorstellung, in Kapstadt zu landen und alle Hotels und Unterkünfte sind dicht, erscheint uns nur wenig verlockend. Erleichtert wird uns diese Entscheidung von Hannelore und Frans, die uns ein unglaubliches Angebot machen: Gegen Kost und Logis können wir mit 50 % unserer Zeit auf ihrer Gästefarm arbeiten und die anderen 50 % remote mit MOWOMIND aktiv sein.

Gemischtes Doppel mit Lore und Frans.

Als unser Flug von Windhoek nach Kapstadt nur zwei Stunden vor dem Abflug gestrichen wird und Südafrika den sofortigen Lockdown verkündet, sitzen wir mit unseren neuen „Arbeitgebern" bei einem erfrischenden Savanna Dry auf der Terrasse der Gästefarm. Von einem Tag auf den anderen wurden alle unsere Pläne über den Haufen geworfen. Sofort beginnen wir, die gebuchten Unterkünfte zu stornieren. Es sind die ersten Stornierungen auf einer langen, langen Liste von Erlebnissen, Ereignissen und Möglichkeiten, die nicht nur uns, sondern fast allen Menschen auf dieser Erde vorerst unmöglich gemacht werden.

Wir sitzen nun also auf einer Gästefarm in Namibia fest, auf der es seit vier Jahren nicht mehr richtig geregnet hat. Ab sofort werden wir den halben Tag als „Supervisor" – wie Hannelore und Frans uns beim Personal vorstellen – auf der *Rooiklip Guestfarm* arbeiten. Und plötzlich wird Nils für einige Stunden zum Barkeeper, Chefkoch und Farmer. Er bewässert die Bäume und Pflanzen auf der Farm, tränkt die Tiere, schleppt eine Tonne Heuballen in der glühenden Hitze von A nach B und reinigt den Pool. Anna kümmert sich als Zimmermädchen darum, Betten zu beziehen, Toiletten zu schrubben und Wäscheberge zu bügeln.

Schon am zweiten Tag in unserem neuen Job verkünden Hannelore und Frans, dass sie sich auf den Weg nach Windhoek machen müssen. Deshalb

Ein Stellplatz
zum Träumen –
hier waren wir
noch Gäste.

sollen wir einen Tag lang die Regie auf der Gästefarm übernehmen. Gesagt, getan: Am nächsten Morgen machen sich die beiden in aller Frühe auf den Weg in die Hauptstadt, die gute drei Stunden von der Farm entfernt liegt. Allein die Zufahrt nach *Rooiklip* von der Hauptstraße dauert für ungeübte Fahrer eine halbe Stunde – Lore und Frans schaffen es in 10 Minuten, wenn die Bedingungen es zulassen. Frans war übrigens früher mal Rennfahrer – unsere Fahrten mit ihm sind stets rasant und abenteuerlich.

Da stehen wir nun auf dem Hof, nachdem wir das Gatter hinter den beiden geschlossen haben, und … tja, was nun? Das haben wir uns auch gefragt. Und dann haben wir eine Bestandsaufnahme der voraussichtlichen Aufgaben des Tages gemacht – im agilen Kontext kommt das einem „Daily" gleich. Und „voraussichtlich" trifft es auch ganz gut, denn es kommt natürlich völlig anders als geplant. Wir haben von Lore erfahren, dass heute eine vierköpfige Familie aus Windhoek erwartet wird, die für drei Nächte zwei Zimmer gebucht hat. Zur Unterkunft wird auf *Rooiklip* zusätzlich ein Frühstück und ein dreigängiges Abendessen angeboten, was unsere Gäste nun natürlich auch erwarteten. Lore hat dafür am Vorabend schon Vorsorge getroffen und einen riesigen Zebrabraten aufgetaut. Den Vormittag nutzen wir, um alle erdenklichen Vorbereitungen für unsere Gäste zu treffen: Mithilfe von drei weiteren Farmarbeitenden reinigen wir die Zimmer, stellen die Getränke kühl und versorgen die Tiere sowie die Pflanzen auf dem Hof. Nach einem kleinen Mittagssnack setzen wir uns an unsere Rechner, um an unseren eigenen Inhalten weiterzuarbeiten. Lange währt diese Zeit jedoch nicht, denn schon bald hören wir ein Auto näher kommen. Zwei Frauen aus der Schweiz wollen eine Nacht auf der Campsite verbringen. Noch während Anna den Check-in mit

Vorbereitungen für das Abendessen.

den beiden durchführt, rollen zwei weitere Land Rover auf den Hof. Zwei Paare aus Deutschland haben sich spontan entschieden, sich auf *Rooiklip* nach einer Campingmöglichkeit für zwei Nächte zu erkundigen. Wir disponieren kurz um. Doch Anna vergisst, alle Formalitäten korrekt aufzunehmen. (Das holt Lore dann beim Check-out nach.) Dann fahren alle Wagen zu den Campsites. Kurzes Durchschnaufen, denn schon einige Minuten später nehmen wir weitere Motorengeräusche wahr. Dieses Mal ist es die angekündigte Familie aus Windhoek, die vorfährt. „Now it's showtime!", denken wir uns und bieten alles auf, was wir in dieser kurzen Zeit gelernt haben. Und natürlich laufen ein paar Sachen schief: Als die beiden Paare aus Deutschland von ihrer Campsite an die Bar kommen, wissen wir nicht, welche Weißweine wir kalt gestellt haben. Zudem können wir nicht alle ihre Fragen zur allgemeinen Zufriedenheit beantworten. Die Stimmung entspannt sich, als Nils Musik anmacht. Hans-Rüdiger König, auch „Westcoast Hannes" genannt, klingt mit seiner „American Musik" über die Theke. Vor ein paar Jahren hat er auf *Rooiklip* ein „Farmkonzert" gegeben. Die Gäste gehen schwimmen, unterhalten sich an den Tischen bei einem gekühlten Getränk und können auf die fast schon bizarre Landschaft des sogenannten Great Escarpments blicken, in dessen Mitte *Rooiklip* liegt.

Unser berühmter Zebrabraten.

Je näher der Abend rückt, desto bewusster wird uns, dass Lore und Frans es nicht rechtzeitig auf die Farm schaffen werden, um das 3-Gänge-Menü vorzubereiten. Nun gut, das ist also jetzt unsere Verantwortung. Da Anna wenig Erfahrung mit der Zubereitung von Fleisch hat und Nils noch mit Farmarbeiten beschäftigt ist, ruft sie kurzerhand ihre Eltern an, um sich ein paar Tipps zu holen. Als die beiden erfahren, dass ihre Tochter und ihr Schwiegersohn einen Zebrabraten für acht Personen zubereiten sollen, brechen sie erst mal in schallendes Gelächter aus. Und es ist genau das, was in diesem Moment goldrichtig ist: Einfach ein wenig miteinander lachen und sich nicht zu sehr den Kopf zerbrechen. Nachdem wir das Essen über Stunden in der Küche haben brutzeln lassen, finden wir uns am Abend mit unseren vier Gästen

Überwältigende Gastfreundschaft der „Buckis".

aus Windhoek zum Essen zusammen. Die sechs Camper sind auf ihren Campingsites und genießen *Rooiklip* bei einem „Braai" – beim Grillen auf typisch afrikanische Art. Genau das haben wir noch vor ein paar Tagen selbst als Reisende gemacht. Was für eine veränderte Lebenssituation in so kurzer Zeit – irre! Noch während des ersten Gangs stoßen Lore und Frans zu uns, die einen anstrengenden Tag in Windhoek verbracht haben.

Es gelingt uns, das Essen zur Zufriedenheit aller zuzubereiten und damit allen einen schönen ersten gemeinsamen Abend zu bescheren. Nachdem „Freya und ihre Buckis" (wie wir unsere Gäste und zukünftigen Freunde nennen) sich zurückgezogen haben, überzeugen wir auch Lore und Frans, sich auszuruhen und ins Bett zu gehen. Dann räumen wir auf und fallen „schrankfertig" ins Bett. Für die nächsten Tage ist unser Leben davon bestimmt, anderen Menschen den Aufenthalt auf *Rooiklip* so angenehm wie möglich zu gestalten. Wir stellen Getränke kalt, helfen in der Küche und folgen vor allem den peniblen Anweisungen von Lore und Frans. Dabei kommt keine Farmromantik auf, wie man es vielleicht aus Büchern und Filmen kennt. Die Arbeit ist hart und ganz anders, als wir es in unserem Kontext gewohnt sind. Wir lernen eine ganze Menge und kriegen großen Respekt vor dem, was Lore und Frans in ihrem Alter noch alles auf die Beine stellen und bewältigen.

Modern Work vs. Traditional Work

Die Arbeit auf der Farm könnte nicht unterschiedlicher im Vergleich zu der sein, die wir normalerweise machen: Mit MOWOMIND arbeiten wir digital mit Unternehmen in Deutschland zusammen und unterstützen bei Themen wie Selbstorganisation, New Work Hacks und interne Wissensvernetzung. Bei der Farmarbeit schuften wir analog vor Ort in der glühenden Hitze und erteilen, wie uns von Lore und Frans aufgetragen, Anweisungen im „Command and Control"-Stil an die anderen Farmarbeitenden. Das fällt uns unheimlich schwer. Hier auf der Farm findet das Leben auf ganz eigene Weise statt. Viele Dinge werden genauso erledigt, wie sie schon seit vielen Jahren gemacht werden. Die Muße, eingespielte Routinen zu hinterfragen oder neu zu denken, ist nicht sehr groß. Häufig ist ein „Das machen wir hier so!" das Resultat. Das finden wir nicht immer leicht und dennoch extrem spannend. Selbst einmal in einem traditionellen Arbeitskontext zu arbeiten und uns anpassen zu müssen, ist neu für uns. Wir sind nun ja auch Teil dieses Systems.

Es ist schier unglaublich, was es hier alles zu tun gibt. Wir fragen uns, wie es wohl Lore und Frans in ein paar Jahren damit gehen und was mit der Farm einmal passieren wird. Schließlich ist Lore bereits über 80 und mit Frans feiern wir seinen 70. Geburtstag. Bei allen Aufgaben bringt das „Barkeeper-Dasein" auf jeden Fall am meisten Spaß. Unseren Gästen hier Getränke zu servieren und da einen kleinen Klönschnack mit ihnen zu halten, ist super. Für Lore gibt es abends immer einen von Nils liebevoll zubereiteten Gin Tonic, natürlich aufs Haus :). Der Umgang mit den Gästen gelingt spielerisch leicht und ist für uns einfach total spannend. So lernen wir zum Beispiel den deutschen Schauspieler Peter Franke kennen, der im Sönke-Wortmann-Film *Das Wunder von Bern* den legendären Bundestrainer Sepp Herberger spielt. Und auch so ist unsere Arbeit hier ein wenig skurriler: Unsere Coachees stutzen ein wenig, als wir uns zum Video-Call einwählen. Denn hinter uns hängt das Fell eines großen Leoparden an der Wand.

Auch wenn uns meistens aufgrund der drückenden Hitze auf der Farm die Schweißperlen auf der Stirn stehen, schaffen wir es, voll fokussiert in die Themen unserer KundInnen einzutauchen. Die COVID-19-Pandemie ist das vorherrschende Thema, und wir merken, wie sich der Stellenwert von ortsunabhängiger Arbeit schon jetzt verändert. Unser Vorteil ist, dass wir es inzwischen sehr gewohnt sind, in Video-Calls intensiv mit Teams und Einzelpersonen über die Ferne zusammenzuarbeiten. Natürlich braucht es hier auch eine gewisse Taktung: Zum Beispiel haben wir den besten WLAN-Empfang an der Bar. Natürlich kann man kein Coaching durchführen, wenn sich dort Gäste aufhalten. Deswegen terminieren wir die Coaching-Sessions meistens am frühen Morgen, wenn alle anderen noch schlafen. Gleich danach beginnen wir mit den Frühstücksvorbereitungen. Immer wieder kommt es vor, dass wir so kaputt von der Farmarbeit sind, dass wir in unserer MOWOMIND-Zeit am Nachmittag einfach ausruhen müssen – auch das darf okay sein.

Uns scheint es so, als ob es für Lore und Frans ähnlich wie für uns ein spannendes Experiment ist, zusammenzuarbeiten. Es ist eine besondere Zeit für alle vier von uns und mit Lores Freundin Gitta, die uns besuchen kommt, bilden wir einen kleinen, eingeschworenen Kreis hier auf *Rooiklip*. Wir sind weiterhin sehr dankbar, dass wir diese Lebenserfahrung machen können und so viel Vertrauen von Lore und Frans entgegengebracht bekommen. Dafür strengen wir uns auch extra stark an und denken aktiv mit. Das wird auch wahrgenommen, und wir erleben, wie wichtig es ist und wie sich unsere Arbeit verändert, wenn wir unsere Kompetenzen einbringen können und unser Tun wertgeschätzt wird.

Einen magischen Moment, in dem traditionelle und neue Vorgehensweisen Hand in Hand gehen, erleben wir, als nach ein paar Wochen auf der Farm auch der Lockdown in Namibia angekündigt wird. Dafür verschickt Präsident Hage Geingob eine digitale Nachricht an alle BürgerInnen des Landes. Weil nicht alle auf der Farm lesen und schreiben können, kommen wir alle auf der Terrasse zusammen. Gemeinsam mit Lore und Frans haben wir überlegt, wie wir die Neuigkeiten am besten weitergeben. Lore leitet in die Besprechung ein und macht deutlich, wie wichtig diese Mitteilung für alle ist. Danach liest Anna den Brief des Präsidenten vor. Während das passiert, schreibt Nils einen Zettel für Lore, den er ihr unauffällig zuschiebt, darauf steht: „Was für ein Moment! Was willst du uns allen gleich noch mitgeben für die kommende Zeit?" Lore lächelt und überlegt einen Moment. Dann steht sie auf und beruhigt erst mal ihre Angestellten. Allen ist die Sorge ins Gesicht geschrieben. Daraus entwickelt sich eine – wie wir es nennen – Q&A, in der alle die Möglichkeit haben, ihre Fragen zu stellen. Es geht um wichtige Punkte wie Hygieneregeln auf der Farm und den Umgang mit neuen Gästen. Besonders die Reiseeinschränkungen, die in wenigen Tagen in Kraft treten sollen, lösen Verunsicherung aus: „Darf man die Farm überhaupt verlassen? Haben wir ausreichend Vorräte, um den Lockdown auf der Farm zu überstehen? Woher nehmen wir das Futter für die Tiere, wenn wir nicht nach Walvis Bay fahren dürfen?" In diesem Moment werden Hierarchien unwichtig. Alle sitzen einfach nur als Menschen beieinander, teilen ihre Sorgen und versuchen, gemeinsame Lösungen zu finden.

Wir nehmen definitiv jede Menge Erfahrungen von unserer Farmzeit mit. Uns tut es gut, noch mal ganz anders herausgefordert zu werden und uns plötzlich in einem Arbeitssystem zu befinden, das so ganz anders für uns ist. Unser Verständnis für die Schwierigkeiten bei Veränderungen und Umbrüchen hat sich vertieft. Wir werden in Zukunft wahrscheinlich geduldiger sein, wenngleich wir immer auch fordernd bleiben. Denn wir halten weiterhin daran fest, dass die Modern-Work-Prinzipien unsere gemeinsame Arbeit grundlegend verbessern können. Damit das gelingt, braucht es Zeit – und die werden wir hier auf *Rooiklip* wahrscheinlich nicht haben. Oder bleiben wir am Ende doch für viele Monate und können Veränderung anstoßen? Überall haben wir erlebt, wie Modernes Arbeiten bereits im Kleinen oder Großen entstanden ist. Warum also nicht auch auf einer Farm irgendwo im Nirgendwo in Namibia, Afrika?

Wenn wir ein Stück zurücktreten, haben wir aus unserer Erfahrung hier auf der Farm auch ein ganz neues, tief greifendes Verständnis für Dürre und Trockenheit gewonnen. Es ist etwas völlig anderes, ob man als Reisender in Wüsten fährt und dort wunderbare und extreme Abenteuer erlebt oder ob man an einem Ort dauerhaft zu Hause ist, an dem die Natur zur Wüste wird oder bereits geworden ist. Diese Farm kann nur bewirtschaftet werden, weil man hier über einen tiefen Brunnen auf fossiles Wasser zugreifen kann. Was für eine unbeschreibliche Freude aufkommt, als es dann tatsächlich anfängt, zu regnen, und zwar so, dass auch alles richtig nass wird! Die Freudentränen in den Augen von Lore und ihren Regentanz auf dem Hof werden wir auf jeden Fall nie wieder vergessen. Noch heute erhalten wir von ihr Nachricht, wenn es auf *Rooiklip* regnet. Leider ist das erst zweimal vorgekommen, seitdem wir wieder zurück in Deutschland sind.

Nun wissen wir das Hamburger Schietwetter ganz anders zu schätzen. Manchmal vergessen wir in der Stadt, wie wichtig es ist, dass der Boden feucht und die Landschaft grün und fruchtbar ist. Auch bei den immer heißer werdenden Sommern bei uns sollten wir uns schon jetzt über jeden Regentropfen freuen.

Natürlich braucht es auch hier ein Gleichgewicht. Regelmäßige Überschwemmungen wie in Uganda oder an Flüssen in Deutschland zeigen, dass zu viel Wasser sich auch katastrophal auswirkt. „Koyaanisqatsi" heißt es in der Hopi-Sprache und bedeutet „Life out of balance". In dem gleichnamigen Film von Godfrey Reggio wird gezeigt, was passiert, wenn unsere Welt aus dem Gleichgewicht gerät. Er ist herrlich verstörend anzusehen und mit der minimalistischen Musik von Philip Glass, die Nils so liebt, nicht nur ein filmografisches, sondern auch ein musikalisches Meisterwerk. Wir brauchen wieder mehr Balance, in uns und in der Welt. Auch die Arbeitswelt „in Balance" zu bringen, ist eine der wichtigen gemeinsamen Aufgaben der Zukunft.

Obwohl die Zeit auf der Farm gar nicht so lange sein wird, erleben wir sie wie eine kleine, intensive Ewigkeit. Wir sind unendlich dankbar für diese Verschränkung der Blicke und haben für unser Leben gelernt. Besonders Lore und Frans, die in der wunderschönen und gleichzeitig lebensfeindlichen Landschaft um *Rooiklip* leben, haben wir sehr ins Herz geschlossen. Daher schmerzt der Abschied am Ende richtig heftig. Wir wissen schon jetzt, wir werden nicht nur auf der Farm fehlen, sondern die Farm wird auch uns fehlen. Denn trotz aller Herausforderungen, die wir hier haben, ist es eine gute Zeit. Werden wir die beiden nach unserer Abreise jemals wiedersehen und noch einmal nach *Rooiklip* zurückkehren? Wir hoffen es!

»Wenn es etwas gibt, das Grenzen überwinden kann, ist es das Vertrauen ineinander.«

N o, that is not possible!", antwortet uns die schlecht gelaunte und anscheinend überforderte Beamtin im Immigration Office in Windhoek, als wir unsere Pässe abgeben, da unser Visum verlängert werden muss. Wir insistieren, doch es bringt nichts. Die Pässe sind bereits weggelegt. Jetzt haben wir keine Chance mehr, sie ohne Verlängerung des Visums zurückzubekommen!

Nur wenige Tage später lässt die namibische Regierung verkünden, dass das Land in vier Tagen in einen harten Lockdown gehen wird. Davon ist auch die Region rund um den Gamsberg betroffen – also genau das Gebiet, in dem die *Rooiklip Guestfarm* liegt. Ab diesem Zeitpunkt wird auf unbestimmte Zeit eine Einfahrt nach Windhoek nicht mehr möglich sein. Es gibt keine zuverlässigen Infos zur Rückholaktion von Namibia nach Deutschland, unser Visum ist noch immer nicht verlängert und unsere Pässe sind nach wie vor im Immigration Office. Für uns bedeutet es, dass wir in den kommenden Tagen eine der wohl wichtigsten Entscheidungen unseres Lebens treffen müssen: Bleiben wir weiterhin

Unsere „Tee mit Rocher"-Tradition.

auf der Farm und sitzen dort Corona in den nächsten Monaten aus? Oder versuchen wir, irgendwie zurück nach Deutschland zu kommen? Beides wird ohne Visum schwer, so viel ist sicher.

Nach schwierigen Diskussionen und trotz herzergreifender Bemühungen von Lore und Frans, uns auf ihrer Farm zu halten, werden wir sie verlassen. Wir werden versuchen, in Windhoek unterzukommen, bis wir einen Flieger nach Hause erwischen. Der Abschied fällt uns allen schwer und wir sind innerlich zerrissen: Wird es die richtige Entscheidung sein? Wie global wird die Pandemie und ist bereits alles nach ein paar Monaten vorbei?

Heute wissen wir, dass es die richtige Entscheidung war. Für Nils war sie vielleicht sogar lebensrettend: Er hat sich bei der Schwerstarbeit auf der Farm in brütender Hitze eine Hernie, also einen Durchbruch im Bauch, zugezogen. Der Weg in die Hauptstadt ist weit und die Kliniken sind geschlossen. Wer weiß schon, was bei einem langen Aufenthalt auf der Farm passiert wäre? Kräftiges Anpacken gehörte ja schließlich zum Deal dazu und das Leben auf *Rooiklip* ist rau und hart, so wunderschön die Landschaft auch sein mag.

Und wieder erfahren wir in all dieser Unsicherheit große Gastfreundlichkeit: Freya und ihre Buckis, die Familie, die wir auf *Rooiklip* mit unserem ersten selbst zubereiteten Zebrabraten verköstigt haben, sind unsere Rettung.

Sie laden uns ein, bei ihnen in Windhoek auf einen Rückflug zu warten. Es ist eine wunderbare Fügung, denn Hotels und Airbnb-Unterkünfte sind komplett dicht. Freya arbeitet als Landesdirektorin für die Friedrich-Ebert-Stiftung vor Ort und ist mit ihrer Familie erst vor einigen Monaten nach Namibia gezogen. Bei den vieren werden wir so herzlich aufgenommen, als ob wir schon immer zur Familie gehörten. Wir sind ganz gerührt und unendlich dankbar für ihre Gastfreundschaft.

Jetzt bleibt „nur" noch das Problem mit unseren Pässen, die wir für eine Visumsverlängerung im Immigration Office lassen mussten. Am letzten Tag vor dem harten Lockdown haben wir sie noch immer nicht zurück. Folglich könnten wir auch nicht ausreisen. Nach stundenlangem Anstehen sind wir tatsächlich die letzten beiden Personen, die aus der Schlange von unruhig wartenden Menschen in die Behörde hineindürfen. Wir bekommen unsere Pässe wieder – mit einem verlängerten Visum versteht sich! Nach uns ist Schluss und das Amt wird für lange Zeit in den Lockdown gehen.

Mit unseren zurückergatterten Pässen warten wir nun auf zwei Plätze im Flieger, um in einer Rückholaktion der Bundesregierung nach Hause geflogen zu werden. Die Zeit setzt gefühlt aus und wir befinden uns im „Limbo" – wir sind emotional nicht mehr in Afrika und auch nicht zurück zu Hause. Zu Hause? Was ist das eigentlich? Stand jetzt wissen wir, dass keine Wohnung in Deutschland auf uns wartet; kein schönes Gefühl.

Zur Prävention gegen häusliche Gewalt wird in Namibia der Verkauf von Alkohol im Lockdown verboten – im SPAR-Markt sind die Regale abgesperrt oder leer geräumt. Das lässt den Wert unserer letzten Weißweinflasche, die wir noch vom Roadtrip haben, in die Höhe schnellen. Zusammen mit Freya und den Buckis genießen wir den Wein und stoßen auf das Leben an: „Gesondheit!", wie es hier auf Afrikaans heißt.

Dann geht plötzlich alles sehr schnell und wir erhalten eine Information der Deutschen Botschaft in Namibia. 48 Stunden später sind unsere Flugtickets da. Es wird für lange Zeit die letzte Chance sein, von hier zurück nach Deutschland zu kommen. Unsere Gastfamilie wird wenige Tage nach uns in der letzten Maschine mit allen anderen „Offiziellen" heimkehren.

Zuerst müssen wir uns eine „Durchfahrtsgenehmigung" ausdrucken, sodass wir überhaupt von der Polizei zum Flughafen durchgelassen werden. Im Flughafen läuft alles in fast gewohnter Manier ab. Nur wenige tragen Masken, unter anderem wir. Unsere in Tansania gekauften FFP2-Masken waren eine gute Investition. Denn hier gibt es seit Wochen keine Masken mehr zu kaufen. In einer Maschine der Lufthansa von Windhoek nach Frankfurt verlassen wir diesen wunderschönen Kontinent und können gar nicht glauben, dass es tatsächlich schon vorbei ist – einfach so. Wir wollen nicht aufhören, zu reisen. Viel zu spannend ist es, die Ferne zu erleben und sich mit ihr Stück für Stück vertraut zu machen. Es ist eine Rückkehr gegen unseren Wunsch und dennoch haben wir uns dafür entschieden. Dementsprechend sieht auch unsere Gefühlslage aus – innerlich zerrissen. Vier Monate wundervoller Erfahrungen liegen hinter uns, eine ungewisse Zeit in Deutschland erwartet uns zwei Reisende. Nein, zufrieden sind wir nicht. Und das wird wohl auch noch eine Weile so bleiben.

Am letzten Abend in Windhoek machen Freya und ihr Mann Burkhardt uns ein Angebot, das uns Tränen in die Augen steigen lässt: „Ihr könnt erst mal in unser Haus in Deutschland ziehen", sagen sie. Wir sind tief gerührt. Immerhin kennen wir uns noch nicht lange, dennoch haben wir gerade einfach ihr Haus angeboten bekommen. Wir nehmen dankend an. Das Haus ist für die Quarantäne eine super Sache und es gibt sogar ein Klavier. Begegnungen und Großzügigkeiten, wie in dieser Situation, nehmen wir auf Reisen stärker wahr als zuvor.

Wir berühren symbolisch den kalten Boden in Frankfurt, als wir nach dem langen Direktflug wieder in Deutschland ankommen. Für uns geht es in dem menschenleeren ICE nach Hannover und dann mit der Regionalbahn in unsere Quarantäne-Unterkunft. Letztendlich nur für ein paar Tage. Dann werden Freya und ihre Buckis zurückgeholt, weil Namibia als Risikogebiet gilt. Also putzen wir das Haus von oben bis unten und reisen wieder ab. Wir hätten sogar noch länger im Haus bleiben dürfen, doch wir merken, dass wir den Abbruch unserer Modern Work Tour in Zweisamkeit abrunden wollen. Die nächste gute Fügung entsteht im Nu und wir dürfen bei Freundesfreunden im Süden Hamburgs unterkommen. Auch hier sind wir wieder völlig baff, wie viel Vertrauen uns fremde Menschen entgegenbringen. Für eine symbolische Gebühr bleiben wir drei Wochen lang in ihrer charmanten Erdgeschosswohnung. Der erste Lockdown ist bei unserer Ankunft in Deutschland bereits seit einigen Wochen in vollem Gange und wir begeben uns in Quarantäne. Unsere ersten Rollen Toilettenpapier können wir übrigens erst ein paar Wochen später kaufen. Ein Glück, dass wir noch einen kleinen Vorrat finden.

Nach so einer Reise dürfen wir weder unsere Familien besuchen noch Freunde oder KollegInnen treffen. Zurück zu sein, bringt wirklich keinen Spaß. Unsere Laune ist schlechter als die schlechtesten Momente auf der gesamten Reise zusammengerechnet. Uns bewegt vor allem, dass wir nach so vielen Reiseeindrücken niemanden sehen können. Wir feiern unseren gemeinsamen

Geburtstag ganz allein, nur dieses Mal eben nicht freiwillig. Einzig der von Nils' Bruder vorbeigebrachte Überraschungskuchen schmeckt so herrlich, dass wir ein wenig sentimental werden. Auch arbeitstechnisch sieht es düster aus: Fast alle Aufträge sind wegen COVID-19 abgesagt oder verschoben worden. Alle Vorträge erst mal komplett gestrichen. Immerhin geben wir einige Interviews für die Presse, da wir bereits geübt im ortsunabhängigen Arbeiten sind und in Deutschland kollektiv festgestellt wird, dass wir tatsächlich (wer hätte das gedacht?!) den digitalen Wandel in Unternehmen und Schulen verschlafen haben. Für uns beginnt eine Zeit des Sich-wieder-Einruckelns, der Neuorientierung und des emotionalen Ankommens.

Wieder in unsere Kraft kommen

In den letzten zwei Jahren haben wir erlebt, was es heißt, mutig eigene Lebenskonzepte in die Tat umzusetzen. Der New-Work-Begründer Frithjof Bergmann betonte in seinen Gesprächen mit uns immer wieder eindrücklich, dass das Herausfinden des „wirklich, wirklich Wollens" das Wichtigste sei, um ein erfülltes Leben zu führen. Deswegen ergänzen wir mit dem „Reflect & Act-Ansatz" das **„wirklich, wirklich Wollen"** um ein proaktives **„wirklich, wirklich Tun"**.

All unsere Erfahrungen haben wir nur gemacht, weil wir es geschafft haben, aus der Komfortzone des Alltags auszubrechen. Weil wir mutig genug waren, das Vertraute hinter uns zu lassen, und weil wir uns von Neidern und Miesepetern nicht haben abbringen lassen.

Wir sind nun wieder hier und auch emotional empfinden wir das langsam so. Es muss jetzt wieder weitergehen. Für uns wird es nun Zeit, neue Pläne zu schmieden. Nicht freiwillig und dennoch extrem wichtig, damit wir

Reflect & Act-Ansatz

PURPOSE

wirklich, wirklich wollen

PURPOSE-DRIVEN

wirklich, wirklich tun

trotz Pandemie und Stillstand in Deutschland wieder proaktiv werden und in unsere Kraft kommen. Wir wissen das schon bei unserer Ankunft, doch wir brauchen Monate, bis wir dementsprechend handeln können. Alles wird sich erst nach einigen Zwischenlösungen, die uns mehr Kraft kosten als geben, wieder stabilisieren.

Als wir im Sommer 2020 eine gemütliche Wohnung im bodenständigen Barmbek beziehen, spüren wir, dass wir langsam runterkommen – ironischerweise genau deshalb, weil wir nun wieder aktiver werden. Der Einzug geht mit unseren wenigen Habseligkeiten sehr schnell und wir nehmen uns ausreichend Zeit dafür, Möbel selbst zu bauen und unser Zuhause liebevoll herzurichten. Nach über zwei Jahren haben wir wieder eine eigene Wohnung in einer der schönsten Städte der Welt – Hamburg! Von hier aus werden wir in den folgenden Monaten tatsächlich wieder zu neuer Stärke kommen und unsere nächsten Schritte als Unternehmerpaar gehen.

Was wir gelernt haben

Wir sind uns bewusst, welch ein Glück es ist, dass wir dieses Abenteuer im Großen und Ganzen heile überstanden haben. Das ist keine Selbstverständlichkeit. Natürlich braucht es eine ordentliche Portion Mut und Kraft, um loszuziehen, ganz klar. Doch klar ist auch, dass wir eine Ausgangslage hatten, die anderen so nicht zur Verfügung steht. Und dennoch haben wir auch unsere Ersparnisse für die Reise aufgewendet, da das Abenteuer Arbeit sich nicht von alleine getragen hat. Anteilig haben wir natürlich schon allein durch die Remote-Arbeit mit deutschen KundInnen Geld verdient, doch noch immer bestehen Bedenken beim ortsunabhängigen Arbeiten, was dieses Lebens-Arbeitskonzept erschwert. Spannend wird, wie sich diese Haltung durch die gegenwärtige Lage verändern wird.

Im Englischen gibt es den Ausdruck „to be humbled", den wir schöner als die deutsche Übersetzung „demütig sein" finden. Genau das beschreibt, was wir nach der Modern Work Tour verspüren: **Demut.** Durch die Erlebnisse und in den Gesprächen, die wir auf der Modernen Walz geführt haben, durften wir erfahren, wie privilegiert wir in Deutschland sind: In der Regel besitzen wir eine Krankenversicherung, haben Trinkwasser aus dem Wasserhahn und können uns über verschiedene Auffangnetze freuen. Wir wissen nun noch mehr zu schätzen, dass viele Dinge bei uns einfach funktionieren, auch wenn wir sie nicht als selbstverständlich nehmen sollten.

Selbstverständlichkeiten zu hinterfragen, bedeutet für uns auch, über die eigenen Grenzen hinauszublicken. Wenn es etwas gibt, das Grenzen überwinden kann, ist es das **Vertrauen ineinander.** Unser Vertrauen zu uns und zu anderen – vielleicht auch zu Fremden – ist durch die Reise weiter vertieft worden. Denn Vertrauen entsteht durch gemeinsame Erfahrung. Wir haben extrem viel Vertrauen von anderen uns gegenüber erlebt. Sei es durch die Barterdeals, in unseren Coachings weltweit oder beim digitalen Arbeiten mit unseren KundInnen. Es war nicht immer einfach, zu vertrauen. Das können wir auch zugeben. Wir haben viele Geschichten von anderen Reisenden gehört, wo Vertrauen missbraucht wurde: Überfälle und Betrügereien haben die Sicht auf ganze Regionen und die Menschen für immer verändert. Oh, hatten wir hier ein Glück! Wir wollten stets entschlossen unseren Impulsen folgen und damit bedacht und mutig handeln. Nie leichtsinnig, was in den meisten Fällen und mit wenigen Ausnahmen auch geklappt hat. Ob wir das ausgestrahlt haben oder ob wir eben einfach nur Glück hatten? Wir wissen es nicht.

Wir haben erlebt, wie lebendig wir uns fühlen, wenn es richtig spannend wird. Wenn es keine 08/15-Antworten oder -Vorgehensweisen gibt und wir instinktiv, selbstbestimmt und gut handeln müssen. Vor allem haben wir das auf unseren Roadtrips – unseren **Auszeit-Abenteuern** – mit den unterschiedlichen Geländewagen erlebt, wie beispielsweise in der Mongolei, in Kirgistan oder in Namibia. Nirgendwo sonst haben wir solch eine Freiheit gespürt und uns so bewusst dem Tag hingegeben. Wir haben unseren Horizont im wahrsten Sinne des Wortes erweitert. Schon jetzt sehnen wir uns nach dem nächsten Abenteuer. Bis dahin werden wir die kleinen Abenteuer genießen, die bereits vor der Tür warten.

Gelernt haben wir auch, dass es entscheidend ist, ein Maß zu finden, welches uns aus der Komfortzone herauslockt und trotzdem machbar bleibt, selbst wenn es extrem herausfordernd ist. Wir spüren, dass wir innerlich gewachsen sind und selbstbewusster im Leben stehen. Eine kleine Lebensweisheit ist: In extremen Situationen potenziert sich die eigene Entwicklung. Das Ungewisse hat auf uns persönlich eine ganz besondere Anziehungskraft, die wir vorher nicht kannten. Wir waren auf uns selbst gestellt und durften erleben, wie uns das noch näher zusammengebracht und gemeinsam gestärkt hat.

Auf Reisen ist jeder Tag anders, wenn man nicht gerade bei schlechtestem Wetter irgendwo in China festsitzt und, anstatt die Umgebung zu erkunden, einfach durcharbeitet. Jede ungeplante Situation kann ein kleines Abenteuer oder eine Überraschung bereithalten. Viel bewusster erleben wir, was unser Freund Niko vor Jahren immer gesagt hat: „Heute ist der schönste Tag meines

Lebens!" Genau um dieses **Mindset** geht es. Das gelingt nicht immer, doch die Denkart verändert alles. Jeder Tag hat die Chance verdient, ein guter Tag zu werden. Wie das gelingt? Wir finden es unglaublich hilfreich, sich selbst bewusste **Routinen und Rituale** zu schaffen. Es ist egal, ob es sich dabei um kleine oder große Dinge handelt.

Auf der Reise haben wir unterschiedliche Rituale und Routinen entwickelt. Ein kleines Ritual war beispielsweise unsere „Tee mit Rocher"-Tradition, die in Westaustralien auf dem Roadtrip entstanden ist. Jeden Morgen gab es als Erstes einen Becher Tee (den gönnen wir uns eigentlich immer) mit einem goldenen Rocher – der schokoladigen Praline mit Haselnüssen. Herrlich, so einen „goldenen Moment" direkt schon zu Tagesbeginn zu zelebrieren. Wenn man dabei noch auf das türkisblaue Meer schaut, ist das schlichtweg umwerfend. Dahinter steckt eine wichtige Lektion für uns, denn auf diese Weise starteten wir jeden Tag direkt mit einem kleinen Highlight. Wir waren so verliebt in dieses Ritual, dass wir es noch Monate lang weiter abgefeiert haben, auch ohne Meer.

Eine weitere Routine haben wir uns angeeignet, weil wir in so vielen, so unterschiedlichen Unterkünften „gehaust" haben. Insgesamt waren es 130 Unterkünfte auf der Modernen Walz. Immer wenn wir in eine neue Unterkunft gekommen sind, haben wir sie erst einmal zu unserem „Zuhause" gemacht. Manchmal haben wir kleine Dinge umgestellt. Hin und wieder haben wir den Putzlappen geschwungen und fast immer haben wir ganz bestimmte Habseligkeiten aus unseren Rucksäcken herausgeholt und dem neuen Zuhause hinzugefügt. Das ging vom Aufhängen der Kulturtaschen über unser Mini-Kuscheltier „Löwy", das wir stets auf dem Bett drapierten, bis hin zur Errichtung eines Kanban-Boards für den Buchsprint auf Bali. Alles davon war mit Mehraufwand verbunden und hat sich dennoch gelohnt. Sich wohlzufühlen ist so wichtig, wenn man unterwegs in fremden Wohnungen und Häusern unterkommt. Manchmal wurden diese Veränderungen anschließend sogar übernommen, was eine besondere Freude für uns war.

Auch für wichtige Entscheidungen wie das Buchen von Flugtickets oder teuren Unterkünften haben wir im Laufe der Zeit eine Routine entwickelt: das Vieraugenprinzip. Dank dieser Routine haben immer beide von uns die Daten abgesegnet und aufgepasst, dass alles korrekt ist. Hier und da kam es vor, dass wir dadurch einen Fehler entdeckt haben. Einmal geht es dennoch voll daneben: Unser Flug von Sydney nach Dubai hat einen Zwischenhalt in Indien. Das wissen wir. Wir wissen auch, dass wir die Airline wechseln müssen. Aber wir wissen nicht, dass wir hierfür in Bengaluru aus dem Transitbereich müssen, um wieder neu einzuchecken. Wenige Stunden vor Abflug liegt Nils mit Fieber im Bett. Da wird uns klar, dass wir diesen Flug nicht antreten können. Wir bräuchten wegen der wenigen Minuten außerhalb des Transitbereiches ein Visum. Das entdecken wir eher zufällig – zum Glück! Sehr ärgerlich ist es, weil es sehr teures Lehrgeld ist. Wir müssen spontan einen neuen Flug buchen, der natürlich alles andere als ein Last-Minute-Schnäppchen ist.

Die wohl schönste Routine haben wir während unseres Buchsprints auf Bali entwickelt. Hier haben wir im Landesinneren inmitten von Reisfeldern eine kleine Villa angemietet. Unser „Morning Glow" bestand daraus, dass je-

Tolles Frühstück bei unserer Workation auf Bali.

der für sich morgens mindestens eine Stunde Zeit hatte, um körperlich und geistig gestärkt und zufrieden in den Tag zu starten. Bei Anna war das eine ausgedehnte Yoga-Session mit anschließendem Tee und dem balinesischen Vogelgezwitscher. Nils hat meditiert und danach Sportübungen oder einen Spaziergang durch die Reisfelder zum alten Tempel gemacht. Die Morgenroutine fand stets zu Sonnenaufgang statt. Das ist auf Bali tatsächlich etwas Magisches. Der Abschluss unserer Morgenroutine war dann die Krönung: In der Buchung der Villa war ein herrliches Frühstück inbegriffen, das uns pünktlich zur vereinbarten Zeit um 8 Uhr

von Suki frisch zubereitet wurde. Ein Hochgenuss! Gestärkt in den Tag zu starten, hat seitdem als Routine eine noch größere Wichtigkeit für uns als vor dem magischen Bali-Monat. Und natürlich gelingt uns das in Deutschland nicht immer, aber das ist auch okay so. Grundsätzlich hat diese Erfahrung Neuheiten in unseren Alltag gebracht: Wir essen morgens inzwischen regelmäßig selbst gemachte asiatische Pfannengerichte oder Shakshuka – das geht schnell und stärkt für den ganzen Tag!

Eigentlich haben wir beide eine Abneigung gegen das Wort **Disziplin,** da es häufig negativ konnotiert und mit Zwang und Unfreiwilligkeit verknüpft ist. Doch auf unserer Modern Work Tour haben wir das große Glück, die andere Seite der Disziplin kennenzulernen. Wir müssen ehrlich gestehen, inzwischen schätzen wir dieses (Un-)Wort doch sehr! Warum? Es hat uns dabei geholfen, Dinge zu schaffen, die sonst nie entstanden wären. Ein Beispiel sind die über 130 Treffen, die an manchen Orten nur durch sehr, sehr viel Fleißarbeit zustande gekommen sind. Oder das Wasserpumpen mit unserem Filter. Das hat wirklich nicht immer Spaß gemacht. Aber der höhere Sinn und unsere

Disziplin haben uns geholfen, dennoch standhaft zu bleiben. Am meisten haben wir die Disziplin jedoch auf Bali ins Herz geschlossen, als wir an diesem herrlichen Urlaubsort einen Monat intensiv von morgens bis abends an unserem Buch geschrieben haben. Selbstverständlich gab es Tage, an denen wir viel lieber an den Strand gefahren wären oder faul am eigenen Pool herumgehangen hätten. Doch zu merken, was entsteht, wenn wir wirklich dranbleiben und freiwillig in eine Selbstverpflichtung gehen, hat uns zu Höhenflügen animiert. Trotz der vielen Treffen auf der Reise, den zurückgelegten Kilometern und den unterschiedlichen Eindrücken in den Knochen schaffen wir es als ein weiteres Highlight, ein Buch zu schreiben. Wir waren selten so stolz auf uns und freuen uns regelmäßig über Aussagen von Zuhause, die von „Wie habt ihr das denn bitte überhaupt schaffen können?" bis zu „Ihr seid ja echt total irre!" die volle Bandbreite bieten.

Wir nehmen mit: Wenn wir etwas wirklich, wirklich wollen, dann braucht es die eigene Willenskraft, um es auch wirklich zu machen. Von alleine passiert nämlich nichts – nur durch proaktives Tun!

Wenn man mit seinem Partner reist, arbeitet, lebt und eigentlich jede freie Minute miteinander verbringt, ist das ganz schön viel Zeit zusammen. Bereits von Zuhause sind wir es gewohnt, dass Freunde und Bekannte uns fragen, wie wir das überhaupt hinbekommen. Es war uns wichtig, dass wir trotz der erhöhten Intensität unterwegs miteinander funktionieren und harmonieren: Dafür brauchen wir eine gute Balance aus **„Me-Time" und „We-Time",** also der individuellen und der gemeinsamen Zeit. Das klingt zunächst so einfach, doch das ist es nicht. Wir hatten auf der Reise immer wieder Momente, in denen wir uns gegenseitig zu viel wurden. Kein Wunder, ist klar! Also durften wir unser Wohlergehen nicht nur dem Zufall überlassen. Deshalb haben wir uns bewusst mit unseren Bedürfnissen und Wünschen auseinandergesetzt. Herausgekommen ist dabei Folgendes: Nur wenn man für sich selbst in einer Balance ist, kann man auch mit anderen längerfristig gemeinsam stark sein. Diese Balance können wir nicht bekommen, wenn wir immer nur aufeinanderhocken. Manchmal brauchen wir ganz bewusst Abstand voneinander. Im Laufe der Reise haben wir hierfür verschiedene Strategien entwickelt: Von „Kopfhörer in den Ohren" im Studio-Apartment (= Wohnung mit nur einem Raum) bis hin zu Spaziergängen allein oder ein paarmal einzelne Schlafzimmer. Es war alles dabei. Zum Glück konnten wir uns die meiste Zeit sehr gut ertragen, ansonsten hätten wir die Intensität in den 15 Monaten Abenteuer Arbeit sicherlich nicht ausgehalten. Wir mussten begreifen und erkennen, wann es einfach zu viel wird. Manchmal haben wir diese Erkenntnis erst nach einem Streit gewonnen. Doch je länger die Reise dauerte, desto besser haben wir gelernt, zu formulieren, wenn wir uns zurückziehen wollen und die „Me-Time" brauchen. Wie häufig bleibt man in einer Situation, die Kraft zieht? Wie oft schafft man es eben nicht, offen auszusprechen, was einem gerade wichtig ist? Ob aus Sorge darüber, den anderen zu verletzen, oder weil man selbst gerade nicht genau einordnen kann, was man braucht. Auch wir sind hier weiterhin auf dem Weg, haben aber den Eindruck, dass wir für uns bereits ein großes Stück weitergekommen sind.

Was zusätzlich entstanden ist

15 Monate sind wir unterwegs und erleben unser Leben so intensiv wie nie zuvor. Dabei entstehen neue Initiativen, die sonst wohl nie zustande gekommen wären.

Eine besondere Herzensangelegenheit für uns ist nach wie vor die Initiative **#treesforafrica** zur Aufforstung in Uganda. Auf unserer Gofundme-Webseite laden wir ein, Leah, die junge Klimaaktivistin, zu unterstützen. Sogar weitere ambitionierte Initiativen wie beispielsweise *Fight Child Hunger In Africa* sind in der Zusammenarbeit entstanden. Warum wir das immer noch tun, obwohl wir zurück sind? Für uns ist das sehr stark mit einer sinnstiftenden Arbeit verbunden: Wir machen hier etwas freiwillig und unbezahlt, weil der Mehrwert auf der Hand liegt. Wir alle können nebenbei Projekte und Initiativen gründen und unterstützen.

> Für uns sind **„BOLD MOVES"** Möglichkeiten und Herangehensweisen, in denen wir etwas mehr als üblich wagen und für die wir uns stärker einsetzen wollen. „Bold Moves" bedeuten eigentlich immer, aus der Komfortzone herauszutreten, um spannende Projekte und Initiativen tatsächlich anzugehen.

Unser internationales Netzwerk wächst in den Jahren der Modern Work Tour zunehmend und wir sind mit Menschen und Unternehmen auf allen Kontinenten verbunden und im Austausch. Global miteinander zu denken, Herausforderungen zu diskutieren und gemeinsam Moderne Arbeit bewusst zu gestalten, bringt uns große Freude. Das Netzwerk weiter aktiv und aufrechtzuerhalten, wird ein Ziel in den kommenden Jahren sein, um auch weiterhin purpose-driven zu bleiben. Das führt uns zu der Frage: „Wie wollen wir zukünftig weiterhin international arbeiten und uns austauschen?" Eine mögliche Antwort darauf sehen wir in der Planung und Umsetzung eines neuen großen Projekts – nämlich des **Modern Work Award 2021.**

Beim ersten internationalen Work Award können Unternehmen aus der ganzen Welt teilnehmen und ihre Arbeitsweisen aufzeigen. Eine international besetzte Jury mit inspirierenden Menschen, die wir unter anderem auf der Modern Work Tour kennengelernt haben, schafft den Flair, den wir uns gewünscht haben. Für uns ist der Award der logische nächste Schritt, um Modern Work auch weiter international aktiv zu gestalten. Im Mai 2021 ist es dann so weit – in einem Livestream, den du dir im Nachgang auf YouTube ansehen kannst, zeichnet Nils als Head of Award in drei Kategorien die Gewinner aus.

Will Smith betont, dass er immer ein spannendes „nächstes Projekt" gedanklich in der Pipeline hat. So lohnt es sich, Dinge anzugehen und abzuschließen, weil man weiß, dass es danach spannend weitergeht. So ist es auch bei uns: Neue „Bold Moves" und „Big Projects" bringen neue Abenteuer – auch in der Arbeitswelt.

Durch den internationalen Modern Work Award können wir unser bisheriges Netzwerk besser aktivieren und zusätzlich neue Kontakte zu interessanten Unternehmen, der internationalen Presse sowie Einzelpersonen knüpfen. Übrigens – auch 2022 findet der Modern Work Award wieder statt. Vielleicht arbeitest du ja auch in einem Unternehmen oder kennst eins, das sich auf die spannende Reise von Modern Work begibt? Für einen offenen internationalen Austausch haben wir zusätzlich die LinkedIn-Gruppe *Modern Work Club* gegründet.

Basierend auf den Erfahrungen und den Interviews der Modern Work Tour leiten wir das **Spannungsfeld-Modell** ab, das als Grundlage unserer Arbeit dient. Es wird auch von Unternehmen für die Selbsteinschätzung eingesetzt und unterscheidet drei Reifegrade:

1. **EXPLORER** – Unternehmen, die Moderne Arbeitsweisen kennenlernen und erste Initiativen ausprobieren.

2. **PERFORMER** – Unternehmen, die Moderne Arbeitsweisen bereits fest implementiert haben und in einer stetigen Weiterentwicklung sind.

3. **SHAPER** – Unternehmen, die Moderne Arbeitsweisen proaktiv ausprobieren, neue Herangehensweisen entwickeln und ihr Wissen mit anderen teilen.

Wie wir mit Unternehmen in wirklich, wirklich sinnvollen Initiativen zusammenarbeiten, basiert stark auf dem Wissensstand und den Erfahrungen

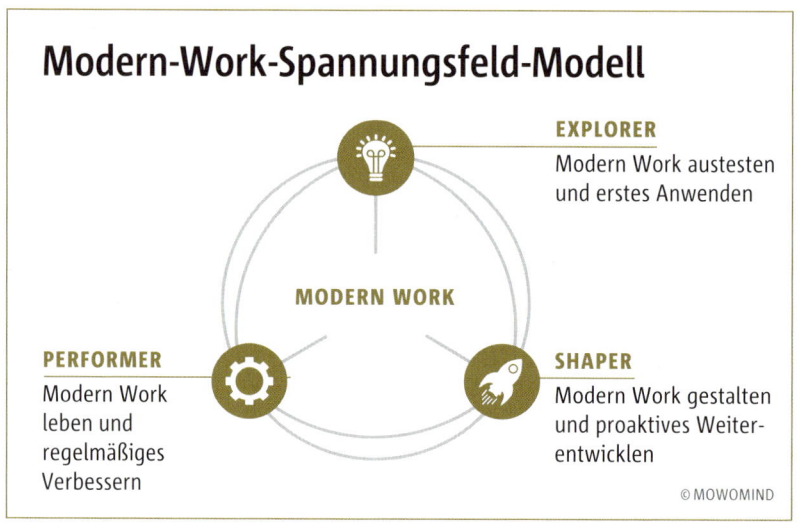

Modern-Work-Spannungsfeld-Modell

EXPLORER
Modern Work austesten und erstes Anwenden

MODERN WORK

PERFORMER
Modern Work leben und regelmäßiges Verbessern

SHAPER
Modern Work gestalten und proaktives Weiter-entwicklen

© MOWOMIND

des Unternehmens in Bezug auf Moderne Arbeit. Wir konnten durch die Modern Work Tour unser Verständnis neu schärfen und haben jetzt weltweite Beispiele als Referenz, um die Moderne Arbeitswelt auch anderen zugänglicher zu machen. In unseren Gesprächen mit Frithjof Bergmann werden wir von ihm darin bestätigt, wie wichtig es ist, immer und immer wieder in die Auseinandersetzung mit dem Sinn beim Arbeiten zu gehen und sich stets neue Fragen zu stellen. Denn Veränderung braucht Reibung, Auseinandersetzung und vor allem starke Proaktivität.

Wie es weitergeht

Gemeinsam haben wir als (Unternehmer-)Paar erleben dürfen, was es heißt, den eigenen Wünschen und Sehnsüchten nachzugehen. Wir wollen auch zukünftig weitere „Big Projects" umsetzen und anderen zugänglich machen. Das hat uns jedes Mal nicht nur viele Erkenntnisse gebracht, sondern auch neue Türen geöffnet.

Damit wir weiterhin unsere Balance halten können, werden wir unsere Zeiteinteilung noch bewusster setzen und weiterentwickeln. Teilweise haben wir wirklich sehr viel gearbeitet und waren unglaublich fleißig. Sich die eigene Kraft richtig einzuteilen und sie zu nutzen, bleibt eine Herausforderung, der wir gerne bewusst begegnen wollen. Bisher gibt es bereits die Unterteilung in intensive Arbeitszeiten mit vollem Fokus, unsere sogenannten „Sprints" für eine oder mehrere Wochen sowie unsere „Marathon-Themen", in denen wir über eine längere Zeit mit Ausdauer und langem Atem Projekte neben der normalen Arbeit umsetzen.

Unser Eindruck ist, dass wir durch die Erfahrungen der Modern Work Tour unsere Produktivität steigern konnten. In der Q&A nach Vorträgen werden wir am häufigsten danach gefragt, WIE wir dieses große Projekt stemmen konnten. Dadurch ist uns erst richtig klar geworden, dass es wirklich nicht selbstverständlich ist, immer neben seinen tagtäglichen Themen auch an „Big Projects" zu arbeiten. Wir sehen riesiges Potenzial darin, noch mehr Menschen darin zu befähigen, ihren eigenen Ideen und ihren großen Wünschen nachzugehen. Mit Unternehmen werden wir gemeinsam erarbeiten, wie große Projekte noch schneller und besser aufgesetzt werden können.

Auch die Barterdeals sind nicht mehr aus unserem Leben wegzudenken. Dinge miteinander zu tauschen, fühlt sich großartig an. Es funktioniert nur, wenn beide Seiten fair handeln und sich gegenseitig auf Augenhöhe begegnen, um gemeinsamen Mehrwert zu schaffen. Unsere Erfahrung ist, dass diese Idee in der Regel gut ankommt – immer wieder begeistern wir Menschen, die anfangs überrascht von einem Vorschlag sind und dann doch direkt neugierig werden. Häufig kommen durch den Tauschgedanken neue und kreative Ideen zustande.

Mit das Spannendste, was wir in der Zukunft vorhaben, ist sicherlich der dritte Teil unserer Modern Work Tour, der die Moderne Walz vorerst abrunden wird. Hierfür werden wir in Lateinamerika starten – noch haben wir uns nicht darauf geeignet, wo genau. Anschließend werden wir vom Süden des Kontinents über die Karibik nach Nordamerika reisen. So weit erst mal die Route. Vielleicht ist nach all den Erfahrungen dann tatsächlich doch das Silicon Valley der Ort, an dem wir die Modern Work Tour beenden? Dort, wo noch immer viele der mächtigsten Unternehmen der Welt sitzen, die aktuell unser Leben prägen wie kaum andere. Am Anfang wollten wir nicht ins Valley. Doch inzwischen reizt uns der Gedanke, im Silicon Valley eine Art „Re-Check" zu machen und mit den bisherigen Erfahrungen abzugleichen. Fragen wie „Wie wird hier miteinander gearbeitet?" und „Wie zufrieden sind die Menschen damit eigentlich?" stehen für uns im Vordergrund. Denn wir denken, dass uns die Weltreise in die Zukunft unserer Arbeit schon jetzt zeigen konnte, dass Digitalisierung und neuste Technik unsere Arbeit erleichtern können, keine Frage. Dennoch wollen wir die Menschen und ihre Arbeit im Mittelpunkt der Auseinandersetzungen sehen.

Unternehmen in Deutschland wünschen wir, dass sie die Art und Weise, wie sie arbeiten, mindestens genauso in den Fokus nehmen wie ihre Produkte oder Services. Denn es geht doch um uns Menschen und um unsere Zeit, die wir miteinander verbringen. Zur Potenzialentfaltung sollten wir anstelle von Perfektion darauf achten, dass machbare und sinnvolle Lösungen geschaffen werden. Wenn wir diesen Blick einnehmen, werden wir Veränderungen schneller proaktiv angehen und gestalten können!

Wir sehen die Verantwortung bei den Menschen in Unternehmen beziehungsweise in ihrer Arbeit.

Du kannst dich fragen: „Tue ich mir selbst gut, tue ich meinem direkten Umfeld gut und tue ich unserem Planeten gut?" Die Chancen, ein erfülltes Leben zu führen, sind groß, wenn du alle drei Fragen mit einem „Ja!" beantworten kannst.

Wir sind gespannt und werden mal schauen, wann wir den dritten Teil der Modern Work Tour in Angriff nehmen werden. Kommen wird er aber ganz bestimmt! Und dieses Mal wird es für noch mehr Unternehmen in Deutschland und hoffentlich auch auf der ganzen Welt normaler sein, dass wir sie remote und mit viel Energie aus der Ferne in ihrer Entwicklung zuverlässig begleiten.

Eine Frage bleibt trotzdem: „Wann ist fertig eigentlich fertig?" Die sogenannte „Definition of Done" fragt genau danach. Wir wissen schon jetzt, dass wir danach nicht „fertig" sind mit dem Reisen und Entdecken, mit dem Wunsch nach weiteren Inspirationen und Abenteuern. Wer einmal zur reisenden Entdeckerin oder zum reisenden Entdecker geworden ist, wird lebenslang den Drang danach verspüren – zu bunt, zu vielfältig ist unsere Welt, um jemals genug davon zu haben. Noch fragen wir uns, ob wir in Zukunft so frei reisen können, wie wir es bisher gewohnt waren? Wir sind dankbar, dass wir den Schritt bereits gewagt haben, und wünschen uns, dass wir schon bald wieder „lostippeln" können.

Schlussgedanken statt Epilog

F rithjof Bergmann ist in den Warteraum für dieses Meeting eingetreten", blinkt es auf unserem iPad auf und wir klicken freudig aufgeregt auf „Eintreten lassen". Mittlerweile ist das ein für viele Menschen sehr gewohnter „Klick" in der Zoom-Software des gleichnamigen Anbieters für Videokonferenzen. In einem „Bold Move" haben wir den Ur-Vater von New Work davon begeistern können, in einen Dialog mit uns zu treten. Unser Aufhänger ist – ein Jahr nach vorläufiger Beendigung der Modern Work Tour – noch immer, die neue Arbeitswelt international zu betrachten. Das findet auch Frithjof gut und es entspinnt sich ein schönes erstes Gespräch, worauf noch weitere folgen. Als wir ihn fragen, wie er die Zukunft der Arbeit sieht, ist er sehr zuversichtlich, dass es gelingen kann, Arbeit für Menschen sinnvoller zu gestalten. Bis wenige Tage vor seinem Tod im Mai sprechen wir miteinander und versprechen ihm, den New-Work-Ansatz weiterzutragen.

Es braucht nach dem „wirklich, wirklich Wollen" auch ein „wirklich, wirklich Tun", fassen wir für uns noch einmal zusammen. Damit leiten wir aus der philosophischen Idee einen konkreten Handlungsimpuls ab: Lasst uns alle zusammen mutiger werden und uns mehr für das einsetzen, was uns wirklich wichtig ist. So verändern wir die Welt – wir haben es überall auf unserer Modern Work Tour erleben dürfen. Wenn etwas getan wird, entsteht auch was.

Die Zukunft unserer Arbeit liegt in den Menschen, die sie verrichten. Mit ihnen steht und fällt jede Idee und Bewegung. Es wird also wichtiger denn je, individuelles und gemeinsames Potenzial zu erkennen und zu entfalten. Hierfür dürfen wir in Möglichkeiten und nicht in Defiziten denken. Wir sollten unser Glas halb voll sehen und nicht bereits halb leer. Außerdem hat noch nie jemand behauptet, dass man ein Glas nicht wieder neu füllen kann.

Für die Zukunft der Arbeit verwenden wir gerne das Zahnputz-Beispiel von Steven aus Australien: Noch vor 80 bis 100 Jahren war das, was wir jeden Morgen und jeden Abend tun und auch Kindern so emsig beibringen – nämlich das Zähneputzen –, keine Selbstverständlichkeit. Junge wie alte Menschen durften erst lernen und erfahren, welchen positiven Effekt saubere Zähne auf unsere Gesundheit haben. Wenn wir es also schaffen, Arbeit so zu gestalten, dass Menschen ihrer Tätigkeit eine Bedeutsamkeit zuschreiben, wird sich Arbeit grundsätzlich verändern. Wie beim Zähneputzen sollte diese Haltung zur Selbstverständlichkeit werden.

Wir sind sehr dankbar dafür, was die Modern Work Tour und unsere Weltreise bisher mit uns gemacht haben. Welch großartige Erfahrungen wir sammeln durften! Wir sind oft aus unserer Komfortzone herausgetreten, haben in 34 Ländern über 130 Treffen gehabt und mit unterschiedlichsten Menschen aus diversen Arbeitskontexten gesprochen und gearbeitet. Auf unserer Suche nach der Antwort auf die Frage „Wie wird eigentlich Modernes Arbeiten weltweit gelebt?" können wir sagen, dass wir überall sehr verschiedene Arbeitsweisen gefunden haben. Aus diesen Arbeitsweisen sind dann die Modern-Work-Prinzipien entstanden. Modernes Arbeiten bedeutet weltweit, eine Tätigkeit mit Sinn auszuführen und in Unternehmen den Menschen in den Mittelpunkt zu stellen. Es geht darum, Menschen dabei zu unterstützen, ihre Fähigkeiten zu entfalten, sodass sie sich selbstbestimmt weiterentwickeln können. Dabei ist es wichtig, selbst lernen zu wollen sowie das eigene Wissen zu teilen und weiterzugeben. Das passiert, wenn transparent mit Inhalten umgegangen und Vielfalt anerkannt wird. Nachhaltigkeit sollte die Grundlage sein, um sich und die eigene Umwelt zu stärken.

Wir haben die Schönheit unseres Planeten – von Wüste bis Regenwald – erlebt und sind durch unsere Abenteuer gestärkt wieder zurückgekommen. Wir sind weiterhin hungrig auf mehr und freuen uns darauf, neue Abenteuer anzugehen.

Reflexionsfragen zum Buch

Mit diesen Fragen möchten wir dich anregen, wichtige Eckpunkte des Buches noch einmal zu reflektieren. So kannst du für dich herausfinden, was dir wirklich, wirklich wichtig ist und wofür es sich lohnt, dein Leben noch proaktiver zu gestalten.

Wenn du es so machen möchtest wie wir, nimm dir Zettel und Stift zur Hand. Denk in Ruhe über die folgenden Fragen nach. Gönn dir die innere Exploration, zum Beispiel mit einem herrlich duftenden Tee aus deiner Lieblingstasse oder einem Schluck eiskalten Weißwein:

REFLEXION

FRAGEN ZUM BUCH

- Was bedeuten die Modern-Work-Prinzipien für dich und wie können diese deine Arbeit ganz konkret bereichern?

- Wie mutig bist du bereits und welchen Blick über den Tellerrand willst du als Nächstes angehen?

- Welche Routinen und Rituale aus unserem Buch können dir helfen, deine Träume proaktiv in Erlebnisse umzuwandeln?

- Wie zufrieden bist du mit deiner beruflichen Situation? Welche Möglichkeiten siehst du darin und was willst du verändern?

- Was nimmst du auf dich selbst bezogen aus unserem Buch mit? Was sind deine Learnings und Schlüsselerkenntnisse?

- Welche Initiativen kannst du für dich und deine Vorhaben ableiten, nachdem du das Buch gelesen hast?

Leave-outs

Natürlich haben es viele Anekdoten nicht in unser Buch geschafft, so viele Erfahrungen durften wir auf unserer Reise machen. Unsere Freundin Christiane hat uns dazu angeregt, ein paar der Geschichten zum Schmunzeln, Staunen und Augenverdrehen einfach noch hinten dranzuhängen. Gesagt, getan. Viel Spaß mit unseren kleinen Einblicken zum Ausklingen.

Backen mit Oma – Georgien

In Tbilisi werden wir von unserer Gastmutter Tatti mit traditionellen und herrlich duftenden Chatschapuri – einem gebackenen Käsebrot – begrüßt. Das ist so köstlich, dass wir sie nach dem Rezept fragen. Kurzerhand lädt sie uns ein, es einmal gemeinsam zu backen. „Anna, du musst fester kneten – sei nicht so zaghaft", sagt sie immer wieder. Es ist wie bei unseren Omis – sie sind wahre Meisterinnen in der Küche. Am Ende dürfen wir sogar Tattis Geheimrezept aufschreiben.

Wollmützen in Nairobi – Kenia

Als es während unseres Aufenthaltes in Nairobi „kalt" wird und die Temperatur auf 20 Grad Celsius herabsinkt, fällt uns vor allem eins auf: Überall laufen Menschen in dicken Winterjacken und mit knalligen Wollmützen herum. Das rege Treiben aus bunten Tupfern auf der Straße gibt ein skurriles Bild ab. Wir schmunzeln über den wirklich herrlichen Anblick, denn so sieht Nairobi im „Winter" aus.

Route im Staub – Kirgistan

Wir stehen mit unserem Lada Niva im kirgisischen Gebirge an einer Wegga-belung und wissen nicht mehr weiter. Einen Umweg können wir uns bei dem Tankstand nicht erlauben. Zu unserem Glück trabt ein Reiter heran. Als klar wird, dass wir uns nicht mit Worten verständigen können, steigt der Mann von seinem beeindruckenden Pferd und hockt sich mit uns in den staubigen Boden. Mit einem Stock zeichnet er uns den Weg auf und wir verstehen, wie wir fahren sollen. Und tatsächlich finden wir mit seiner Hilfe den richtigen Weg.

Feedback ins Unbekannte – China

Wir sind zu den Abschlusspräsentationen der SCRUM League in einem Un-ternehmen in Shenzhen eingeladen. Am Ende werden wir vor versammelter Mannschaft aufgefordert, Feedback zu geben, nachdem wir eine Stunde lang den Vorträgen gelauscht haben. Das Problem ist: Alles war auf Chinesisch! „Was sollen wir denn bitte sagen?", fragen wir uns, als wir ermunternd nach vorne gebeten werden. Wir bedanken uns auf Englisch für die Einblicke und heben hervor, wie wichtig es ist, iterative Weiterentwicklung im Unterneh-men zu begleiten. Zum Schluss bekommen wir großen Beifall und einen rie-sigen Blumenstrauß in die Hand gedrückt – eine verrückte Erfahrung.

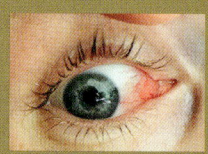

Der Augenschmerz – Kenia

Seit Tagen schon juckt Nils das eine Auge. Es wird und wird nicht besser. Immer wenn die Augen durch Fahrtwind oder Ventilatoren feuchter werden, wird das Jucken sogar noch schlimmer. Als wir am Diani Beach etwas zur Ruhe kommen, verschwindet Nils im Bad. Nach einer ganzen Weile kommt er herausgerannt und hält aufgeregt, etwas irritiert, aber auch sehr erleichtert eine Pinzette mit einer langen Wimper in der Hand. Die Wimper hat er sich gerade aus dem Tränendrüsenkanal herausgezogen. Danach ist der Spuk vorbei und das Auge heilt in den folgenden Tagen.

Schiefes Lied zu zähem Schwein – Philippinen

Es ist Weihnachtsabend auf Cebu und wir sitzen mit 15 weiteren Gästen unseres Resorts gemeinsam am Tisch. Plötzlich ertönt Gesang vom Pool und das Personal kommt inbrünstig singend mit einem riesigen Spanferkel herein. Während wir dann auf dem hochgelobten, jedoch extrem zähen Spanferkel herumkauen und lieber zu den Beilagen greifen, begleitet uns der wohl schiefste Weihnachtschor aller Zeiten über alle drei Gänge hinweg.

Das Passprivileg – Mazedonien

Es ist mitten in der Nacht, als wir den Grenzübergang nach Mazedonien erreichen. In der Schlange zur Passkontrolle stehen wir hinter einem anderen Reisepärchen, das wie wir mit Trekking-Rucksäcken unterwegs ist. Wir kommen ins Gespräch und erfahren, dass die beiden aus dem Kosovo stammen und in Mazedonien wandern wollen. Als sie an der Reihe sind, werden beide von oben bis unten durchsucht und müssen ihre Rucksäcke komplett ausleeren. Innerlich stöhnen wir auf, denn es wird auch bei uns Ewigkeiten dauern, alles wieder sorgfältig einzupacken. Als wir dann dem Beamten unsere Pässe reichen, wirft er nur einen flüchtigen Blick hinein und fragt: „Deutsch?" Wir nicken. Da klopft er Nils auf die Schulter und winkt uns grinsend durch. Beschämt und nachdenklich steigen wir zurück in den Bus.

„Die schlafen nur!" – Westaustralien

„Endlich im Känguruland!", freuen wir uns, als wir den Roadtrip in Westaustralien antreten. Doch leider haben wir Pech, denn wir sehen lediglich ein einziges der drolligen Beuteltiere weghüpfen. Viele Kängurus liegen in der sengenden Hitze reglos am Straßenrand. „Die schlafen nur!", trösten wir uns mit schwarzem Humor, den wir bis heute beibehalten, wenn wir tote Tiere sehen.

Wir lieben gute Rolex – Uganda

Spät am Abend kommen wir nach der langen Busfahrt ausgehungert in Kampala an. „Können wir irgendwo etwas zu essen holen?", fragen wir den Taxifahrer auf dem Weg zur Airbnb. „Klar, ich besorge euch 'ne Rolex!", antwortet er, fährt rechts ran und bestellt etwas aus dem Auto heraus. Kurze Zeit später werden uns zwei eingerollte Papierbündel ins Auto gereicht. Als wir diese öffnen, verstehen wir endlich: lecker gewürztes Gemüse – eingerollt in einem heißen Omelett. „Rolled Eggs = Rolex" supergut und ein echter Sattmacher!

Besuch der Nachbarin – Georgien

Es ist Sommer in Tbilisi und wir schwitzen in unserem Tiny House vor uns hin. Wie bei einem Saunagang hat Nils ein Handtuch auf dem Stuhl ausgebreitet und macht es sich darauf bequem. Die Haustür ist leicht angelehnt, damit zumindest ein leichter Luftzug reinkommt. Plötzlich steht unsere liebenswürdige Nachbarin mit frisch zubereitetem Essen für uns mitten im Raum. Erst als sie Nils den Teller reicht, bemerkt sie, dass er splitterfasernackt vor ihr sitzt. Mit hochrotem Kopf halten beide kurz inne und lachen dann laut los.

Die Autoren

Anna und Nils Schnell sind Geschäftsführende von MOWOMIND mit internationaler Erfahrung in nahezu 40 Ländern. Sie beschäftigen sich seit Langem mit internationalem Arbeiten, New Work und der Zukunft der Arbeit. Ihre *Modern Work Tour,* die sie bislang auf vier Kontinente geführt hat, brachte ihnen einen Platz auf der Shortlist des New Work Awards 2020 ein. Die beiden Autoren sind gefragte Keynote-Speaker. Mit MOWOMIND beraten sie Unternehmen und Privatpersonen rund um die Zukunftsfragen unserer Arbeitswelt sowie zur individuellen und unternehmensweiten Weiterentwicklung.

Beide sind Dozenten an privaten und staatlichen Hochschulen und haben 2021 einen Hochschulzertifikatskurs „New Work" aufgesetzt. Mit Erfahrungen aus Festanstellungen in innovativen Unternehmen wie Jimdo oder Trivago bringen sie sowohl die interne als auch die externe Perspektive in ihre Arbeit ein. Ihr Tandem Power Coaching bieten sie in Deutschland und weltweit an. Das Buch *New Work Hacks* von Anna und Nils Schnell ist in deutscher und in englischer Sprache erschienen.

Privat lieben sie gutes Essen, Abenteuer und natürlich das Reisen. Gerne beschäftigen sie sich auch mit Architektur und Design, Nachhaltigkeit und gesunder Ernährung. Sie leben in Hamburg, sind aber in der Welt zu Hause.

Das Unternehmerpaar Schnell ist Initiator des internationalen *Modern Work Awards.* Der Award wurde im Mai 2021 erstmalig durch eine internationale Jury verliehen.

Wer mehr über die Schnells erfahren will, findet spannende Interviews und Artikel sowie vielfältige Podcast-Auftritte auf der MOWOMIND-Presseseite.

www.mowomind.com

MOWOMIND
MODERN WORK ENABLING

MOWOMIND steht für "Modern Work Mind"
Wir ermöglichen Menschen sinnstiftende Arbeit und unterstützen
Unternehmen bei der Wissensvernetzung.

MEHR ZUM BUCH "DIE MODERN WORK TOUR"

Auf unserer Webseite findest Du spannende,
weiterführende Inhalte:

- Videos & behind the scenes
- Buchtrailer & Making of...
- Presseartikel & Interviews
- Neuigkeiten & Aktuelles

Du willst mehr?

KEYNOTES & WORKSHOPS

Hol' dir Inspiration zur
Zukunft der Arbeit und
aktuellen Trends!

TANDEM POWER COACHING

Anna und Nils begleiten
dich oder dein Team mit
geballter Doppelpower!

   Mowomind   **info@mowomind.com**

Vorhang auf für
das GABAL Magazin

Wissen teilen, Menschen vernetzen

Auf unserem Online-Portal bieten wir hochwertige Inhalte,
praxisrelevantes Wissen und umsetzbare Impulse.
Wir erweitern unsere Community und verleihen unseren
Inhalten und AutorInnen noch mehr Sichtbarkeit.

Erprobte Lösungen für Ihre persönlichen, beruflichen und wirtschaftlichen Herausforderungen

Das GABAL MAGAZIN bietet aktuellen Content und fundiertes Know-how zu den Themen

- **Management, Führung**
- **Marketing, Kommunikation, Vertrieb**
- **Wirtschaft, Gesellschaft**
- **Persönliche Entwicklung, Karriere, Finanzen**
- **Training, Coaching, Beratung**

Zu jeder Kategorie bieten wir individuelle Newsletter

 Wählen Sie nach Ihren persönlichen Interessen aus!

Vielfältige Medien-Formate – serviceorientiert aufbereitet, jederzeit und überall verfügbar

- **Fachartikel**
- **Interviews**
- **Selbsttests**
- **Podcasts**
- **Videos**
- **Wissensnuggets**

Neugierig?
Dann gleich QR-Code scannen!
Wir lesen uns auf
www.gabal-magazin.de.

Bei uns treffen Sie Entscheider, Macher ... Persönlichkeiten, die nach vorn wollen

Seit 1976 bildet GABAL e.V. ein Netzwerk für Menschen, die sich und ihr Business weiterentwickeln möchten.

„Austausch, Praxisnähe, Inspiration und Professionalität – dafür ist GABAL e.V. mit seinen Angeboten ein Garant."

(Anna Nguyen, Unternehmerin)

GABAL e.V.
www.gabal.de

Neugierig geworden? Besuchen Sie uns auf www.gabal.de/mitglied-werden/leistungspakete